スッキリわかる
建設業経理事務士3級

滝澤ななみ
TAC出版開発グループ

はしがき

建設業経理ってどんなもの？

建設業経理とは、資材や機材を買ったり、建物を売ったりという**建設業界で日常行われている取引**や、社内の**お金のやりとりを記録するための手段**をいいます。そこにはさまざまなルールがあるわけですが、その知識を問うものが**「建設業経理事務士検定試験」**となります。

試験の範囲や内容には、日商簿記検定試験と重なるところも多く、そのうえで建設業特有の経理知識も問われます。この本では、簿記の初歩から建設業独特のルールまでがスッキリと理解でき、**3級合格を確実に狙える構成**となっています。

本書の特徴1 「読みやすいテキスト」にこだわりました

本書は簿記・建設業経理初心者の方が最後までスラスラ読めるよう、やさしい、一般的なことばを用いて、読み物のように読んでいただけるように工夫しました。

また、実際の場面を身近にイメージしていただけるよう、ゴエモンというキャラクターを登場させ、みなさんがゴエモンといっしょに**場面ごとに簿記・建設業経理を学んでいく**というスタイルにしています。

本書の特徴2 「本書1冊で3級」を目指せるテキストに！

簿記知識ゼロでも無理なく学習を進めていただけるよう、読みやすいテキストにこだわるとともに、つまずきポイントをあますところなく網羅したWEB講義を約6時間分ご視聴いただけます。また、論点別の問題や模擬問題など、出題の想定される問題をできるだけ多く収載しておりますので、何度もくりかえし解くことによって、インプットした知識を本試験で確実にアウトプットする力を養成できます。

このように、本書では「**テキスト＋WEB講義＋論点別問題＋模擬問題**」という学習上必要なアイテムをすべて盛り込んでおり、３級合格を強力サポートしています。

本書の特徴3 充実の6時間WEB講義

簿記の学習ではその初期段階において、借方、貸方といった、イメージのつかみづらい用語や、日常生活ではなじみのない取引などにつまずきがちです。

本書では、これらのつまずきを限りなくゼロに近づけ、楽に学習を進めていただくために、簿記特有の考え方や、イメージを的確にお伝えできるWEB講義、約６時間分（模擬問題の解説も含む）が無料でついています。読みやすいテキストにさらにわかりやすい講義がついて、ストレスフリーな環境で楽しく学習を進めてください。

本書を活用し、建設業経理事務士３級試験に合格され、みなさんがビジネスにおいてご活躍されることを心よりお祈りいたします。

2020年５月

第２版刊行にあたって

本書は、『スッキリわかる建設業経理事務士３級』につき、最近の試験傾向にあわせ刊行いたしました。

建設業経理事務士３級の学習方法と合格まで…

1. テキストを読み、WEB講義を視聴する

テキスト&WEB講義

まずは、**テキストを読みます**。

テキストは自宅でも電車内でも、どこでも手軽に読んでいただけるように作成していますが、机に向かって学習する際には、鉛筆と紙を用意し、取引例や新しい用語がでてきたら、**実際に紙に書いてみましょう**。

また、本書はみなさんが考えながら読み進めることができるように構成していますので、ぜひ**答えを考えながら**読んでみてください。

加えて、**WEB講義**を併用することで、さらに理解を深めることができます。WEB講義へのアクセス方法は巻末の袋とじをご参照ください。

2. テキストを読んだら問題を解く！

問題編

簿記は**問題を解くことによって、知識が定着**します。本書のテキストには、問題編に対応する問題番号を付しています（**問題編**）ので、それにしたがって、問題を解きましょう。

また、まちがえた問題には付箋などを貼っておき、あとでもう一度、解きなおすようにしてください。

3. もう一度、すべての問題を解く！

テキスト&問題編

上記1、2を繰り返し、テキストの内容理解に自信がもてたら、**テキストを見ないで**問題編の**問題をもう一度最初から全部解いてみましょう**。

4. そして模擬問題を解き、WEB講義を視聴する！

模擬問題&WEB講義

本書には、本試験レベルの問題も収載しています。本試験の出題形式に慣れるためにぜひ解いてみてください。解き終わったら模擬問題の解説WEB講義も確認し、時間内に効率的に合格点をとるコツを体得してください。

建設業経理事務士３級はどんな試験？

1. 試験概要

主催団体	一般財団法人建設業振興基金
受験資格	特に制限なし
試験日	毎年度　３月（１級・２級は９月・３月）
試験級	１級・２級（建設業経理士） ３級・４級（建設業経理事務士）
申込手続き	インターネット・郵送
申込期間	おおむね試験日の４カ月前より１カ月間 ※主催団体の発表をご確認ください。
受験料等 （消費税込）	5,820円（３級の場合） ※上記の受験料等には、申込書代金、もしくは決済手数料としての320円（消費税込）が含まれています。
問合せ	一般財団法人建設業振興基金　経理試験課 URL：https://www.keiri-kentei.jp

2. 受験データ（3級）

回数	第34回	第35回	第36回	第37回	第38回
受験者数	1,939人	2,228人	2,156人	2,065人	1,896人
合格者数	1,210人	1,497人	1,331人	1,315人	1,219人
合格率	62.4%	67.2%	61.7%	63.7%	64.3%

建設業経理事務士３級の出題傾向と対策

1. 配点

試験ごとに多少異なりますが、通常、次のような配点で出題されます。

第1問	第2問	第3問	第4問	第5問	合　計
20点	12点	30点	10点	28点	100点

なお、試験時間は2時間、合格基準は100点満点中70点以上となります。

2. 出題傾向と対策

第1問から第5問の出題傾向と対策は次のとおりです。

	出題傾向	対　策
第1問	第１問は仕訳問題が５題出題されます。	簿記や建設業経理の基本となる仕訳が問われます。勘定科目が示されますので、その中から選択しましょう。
第2問	第２問は原価計算に関連した問題が出題されます。	与えられた、工事原価計算表などをもとに工事に関する原価を計算させる問題がでます。どの数字を集計すべきか、慎重に計算しましょう。
第3問	第３問は、試算表の作成問題が出題されます。	試算表には、合計試算表・残高試算表・合計残高試算表の３種類があります。どの試算表が問われているか注意して解答する必要があります。
第4問	第４問は、おもに理論問題が出題されます。	指定された用語群から選択する穴埋め問題が出題されます。日常の学習からさまざまな論点にふれ、対応できるようになっておきましょう。
第5問	第５問は、精算表の作成問題が出題されます。	数字が記入された残高試算表と5項目程度の決算整理事項が問題・解答用紙に与えられ、それにもとづいて損益計算書と貸借対照表を埋めていきます。

※建設業経理事務士３級の試験は、毎年度3月に行われています。試験の詳細につきましては、検定試験ホームページ（https://www.keiri-kentei.jp）でご確認ください。

CONTENTS

建設業会計編

決算、帳簿編

問題編

別　冊

※　解答用紙については、問題で 解答用紙あり となっている問題のみ用意しております。なお、仕訳の解答用紙が必要な方は、論点別問題編の解答用紙内にある「仕訳シート」をコピーしてご利用ください。
※　論点別問題編、模擬問題編とも解答用紙はダウンロードしてご利用いただけます。TAC出版書籍販売サイト・サイバーブックストアにアクセスしてください。
https://bookstore.tac-school.co.jp/

建設業経理事務士3級に合格したあとは……

1. 経営事項審査制度ってなに？

建設業界には、**「経営事項審査制度」**という制度があるのをご存知でしょうか。

適正な公共工事の施工を確保するためには、工事の規模やそれに必要な技術水準等に見合う能力のある建設業者に工事を発注する必要があります。このため公共工事発注機関は入札の参加に必要な資格及び条件を定め、入札に参加しようとする建設業者がその資格や条件を有するかどうかについての審査を行います。この審査のことを「経営事項審査」といいます。これは、公共工事を発注者から直接請け負おうとする建設業者が必ず受けなければならない審査です。

そして、**建設業経理士２級**は、「経営事項審査」の評価対象となるのです。

2. 建設業経理士２級ってどんな試験？

さて、そのような建設業経理士２級はどのような試験なのでしょうか。

① 個人商店から株式会社へ

まず、商業簿記分野では、これまで個人商店（工務店）が対象だった簿記から会社会計が加わるとももに、より多くの取引を処理できるようになります。

② 間接費が加わってより複雑な原価計算も可能に

従業員の給料など、これはどの製品の原価にすべきなの？　といった、「間接費」の計算が加わり、より実践的な原価計算が行えるようになります。

③ 試験が年２回ある！

３級では試験は年１回３月のみでしたが、２級では、３月と９月の年２回も試験チャンスがあります。これにより、もし万が一失敗してしまったとしてもまた半年後に受験できるため、非常に受けやすい試験となっています。

ぜひ、建設業経理士２級まで取得し、会社の評価を高めるのに役に立ちませんか？

ＴＡＣ出版では、独学と通学のいいとこどりを実現させた**「建設業経理士独学道場」**を開講しています。是非、建設業経理士２級の合格を勝ち取りましょう。

〈建設業経理士独学道場URL〉

https://bookstore.tac-school.co.jp/dokugaku/kensetsu/

簿記の基礎編

第1章 簿記の基礎

念願かなって、工務店を設立！
がんばって帳簿もつけないといけない…。
だけど、なんだかいろいろなルールがあるみたい。

ここでは、簿記の基本ルールについてみていきましょう。

CASE 1 簿記の基礎

簿記ってなんだろう?

日曜大工好きのゴエモン君は、念願の工務店を開業することができました。工務店の経営なんて初めての経験なので、開業マニュアルを読んでみると、どうやら簿記というものによって取引を帳簿に記入しなければならないことがわかりました。

簿記ってどんなもの？

お店は１年に一度、お店のもうけ（利益）や財産がいくらあるのかを明らかにしなければなりません。

そこで、モノを買う、売る、お金を貸す、借りるなど、日々お店が行った活動（**取引**（とりひき））をメモ（記録）しておく必要があります。この日々の取引を記録する手段を**簿記**（ぼき）といい、簿記により最終的なもうけ（利益）や財産を計算することができます。

お店の状況を取引先などに伝えるためとか、税金を計算する（税金は利益に対してかかります）ために、もうけ（利益）や財産を明らかにする必要があるんですね。

帳簿（ノート）に記録するから簿記！

取　引

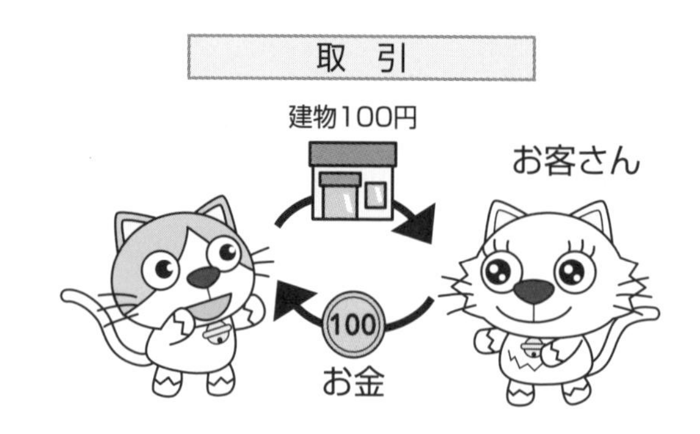

簿記の役割

損益計算書と貸借対照表

簿記によって計算したもうけ（利益）や財産は表にしてまとめます。

お店がいくら使っていくらもうけたのか（またはいくら損をしたのか）という利益（または損失）の状況を明らかにした表を**損益計算書**（そんえきけいさんしょ）、現金や預金、借金などがいくらあるのかというお店の財産の状況を明らかにした表を**貸借対照表**（たいしゃくたいしょうひょう）といいます。

損益計算書、貸借対照表は簿記を学習するにあたってとても重要です。用語として早めに覚えてしまいましょう。

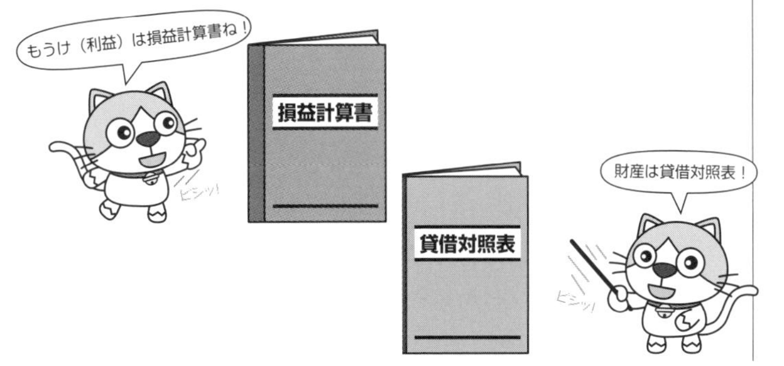

もうけ（利益）は損益計算書ね！
ピシッ!
損益計算書
貸借対照表
財産は貸借対照表！
ピシッ!

CASE 2

簿記の基礎

仕訳の基本

開業マニュアルには、「簿記によって日々の取引を記録する」とありましたが、日記を書くように「4月10日 クロキチ資材から材料(100円)を買った」と記録しておけばよいのでしょうか?

仕訳というもの

取引を記録するといっても、日記のように文章で記録していたら見づらいですし、わかりにくくなってしまいます。そこで、簿記では簡単な用語（**勘定科目**(かんじょうかもく)といいます）と金額を使って記録します。

この勘定科目と金額を使って取引を記録する手段を**仕訳**(しわけ)といいます。

家計簿にも「交際費」とか「光熱費」という欄がありますよね。この交際費や光熱費が勘定科目です。

仕訳のルール

たとえば、「材料100円分を買い、お金（現金）を払った」という取引の仕訳は次のようになります。

（材　　料）	100	（現　　金）	100

ここで注目していただきたいのは、左側と右側に勘定科目（材料や現金）と金額が記入されているということです。

これは、仕訳には**1つの取引を2つに分けて記入する**というルールがあるからなんですね。

仕訳のルールその①です。これが仕訳でもっとも大切なことです。

商売のために必要な物（材料）を買ってきたとき、材料は増えますが、お金を払っているので現金は減ります。

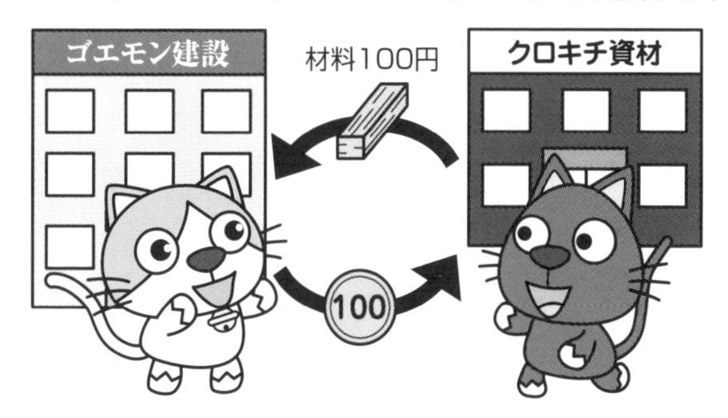

ですから、仕訳をするときには、「材料を買ってきた」という１つの取引を「材料が増えた」と「現金が減った」という２つに分けて記録するのです。

では、なぜ仕訳の左側に材料、右側に現金が記入されるのでしょうか。仕訳のルールその②についてみていきましょう。

5つの要素と左側、右側

勘定科目は、**資産**（しさん）・**負債**（ふさい）・**資本**（しほん）（**純資産**（じゅんしさん））・**収益**（しゅうえき）・**費用**（ひよう）の５つの要素（グループ）に分類されます。そして、その要素の勘定科目が増えたら左側に記入するとか、減ったら右側に記入するというルールがあります。

仕訳のルールその②です。このルールにしたがって左側か右側かが決まります。

①資産

現金や預金、材料など、一般的に財産といわれるものは簿記上、**資産**に分類されます。

そして、資産が**増えたら**仕訳の左側に、**減ったら**仕訳の右側に記入します。

イメージ的には「資産＝あるとうれしいもの」とおさえておきましょう。

簿記では左側か右側かはとても大切です。このテキストでは、左側を⌣⌣で、右側を⌣⌣で表していきます。

（資産の増加）××（資産の減少）××

簿記ではこのようなボックス図を使って勘定科目の増減を表します。少しずつ慣れてくださいね。

資産	
⬆増えたら左	⬇減ったら右

資産は増えたら左ね

ここで先ほどの取引（材料100円を買い、現金を払った）をみると、①**材料が増えて**、②**現金が減って**いますよね。

材料も現金もお店の資産です。したがって、**増えた資産（材料）**を仕訳の左側に、**減った資産（現金）**を右側に記入します。

なぜ材料が左側で現金が右側なのかのナゾが解けましたね。

（材　　　　料）　100（現　　　　金）　100

材料を買ってきた →資産の増加⬆

現金で支払った →資産の減少⬇

資産の勘定科目

勘定科目	内容
現金	紙幣や硬貨など
完成工事未収入金	まだ回収されていない完成工事の代金
有価証券	株式や債券など
未成工事支出金	まだ完成していない工事に対してかかった原価
材料	木材や鉄筋など
建物	自店舗のビルなど

借金を思い浮かべて！　返す義務があると思うと気が重い…ですからイメージ的には「負債＝あると気が重いもの」

②負債

銀行からの借入金（いわゆる借金）のような、後日お金を支払わなければならない義務は簿記上、**負債**に分類されます。なお、負債は資産とは逆の要素なので、**負債が増えたら**仕訳の右側に、**減ったら**仕訳の左側に記入します。

（負 債 の 減 少） ××（負 債 の 増 加） ××

負　債	
⬇減ったら左	⬆増えたら右

負債は増えたら右！

負債の勘定科目

工事未払金	材料などの未払金
未成工事受入金	まだ完成していない建物に対して受け取っている金額

③資本（純資産）

お店を開業するにあたって、通常、店主が個人のお金を元手として出資します。このお店の元手となるものは、簿記上、**資本（純資産）**に分類されます。

先立つものがないとお店は活動できません。いわゆる軍資金ですね。

資本（純資産）は、増えたら仕訳の右側に、**減ったら**仕訳の左側に記入します。

（資 本 の 減 少） ××（資 本 の 増 加） ××

資本（純資産）	
⬇減ったら左	⬆増えたら右

資本（純資産）は増えたら右！

なお、**資本（純資産）は資産と負債の差**でもあります。

資本（純資産）＝資産（ ）－負債（ ）

資本の勘定科目

資本金	お店が最低限維持しなければならない金額

通帳の入金欄に記載される「利息10円」というものです。

預金（資産）が増えたのは利息を受け取った（原因）から、現金（資産）が増えたのは建物を売った（原因）から。

収益が減る（なくなる）ケースはほとんどありません。

④収益

銀行にお金を預けていると利息がついて預金が増えますし、建物をお客さんに売ると現金を受け取るので現金が増えます。

利息（受取利息）や売上げのように資産が増える原因となるものは、簿記上、**収益**に分類されます。

収益は、増えたら（発生したら）仕訳の右側に、**減ったら（なくなったら）**仕訳の左側に記入します。

（収 益 の 消 滅）　××（収 益 の 発 生）　××

収　益

⬇なくなったら左	⬆発生したら右

収益は発生したら右ね。資産の増加原因だから資産と逆なのね～

収益の勘定科目

完成工事高	完成し、引き渡した工事に対して受け取った金額
受取利息	貸したお金から受け取る利息
固定資産売却益	自社所有ビルを売却したときなどに出る利益

⑤費用

商売をしていると、電気代や電話代などお店が活動するためにどうしても必要な支出があります。このお店が活動するために必要な支出は、簿記上、**費用**に分類されます。

お店は費用を使って収益を得るので、水（費用）をあげて花（収益）が咲くイメージで！

そして、**費用が増えたら（発生したら）**仕訳の左側に、**減ったら（なくなったら）**仕訳の右側に記入します。

（費用の発生）××（費用の消滅）××

費用が減る（なくなる）ケースはほとんどありません。

費用	
⬆発生したら左	⬇なくなったら右

費用は発生したら左ね

なお、**収益から費用を差し引いて、お店のもうけ（利益）を計算する**ことができます。

収益（ ）－費用（ ）＝利益＊
＊マイナスの場合は損失

費用の勘定科目

完成工事原価	完成し、引き渡した工事に対してかかった金額
広告宣伝費	販売促進に要した費用
水道光熱費	水道・ガス・電気などの費用
支払家賃	借店舗ビルを借りている場合などに出てくる費用

以上より、5つの要素が増加したときのポジションをまとめると次のとおりです。

これらの要素が減ったら反対のポジションに記入します。

5つの要素が増加したときのポジションをおさえましょう。

［資産・負債・資本（純資産）の関係］

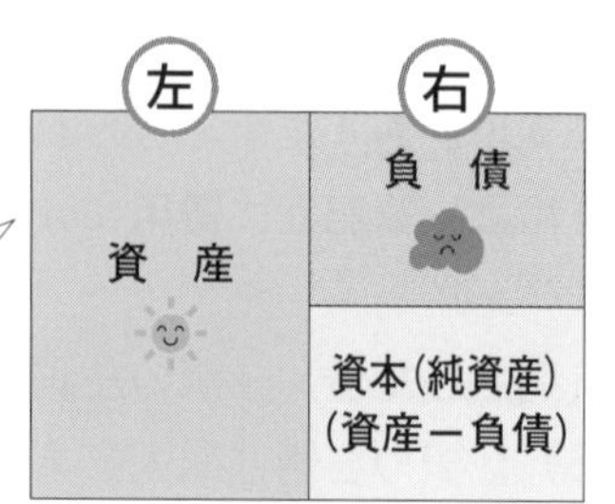

［収益・費用の関係］

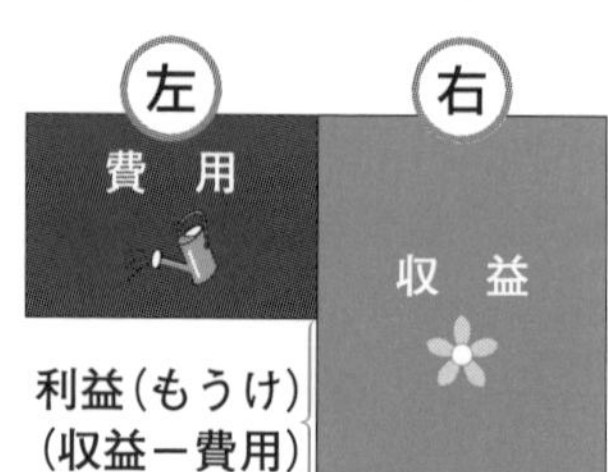

仕訳の左側合計と右側合計は必ず一致する！

仕訳のルールその③です。

仕訳のルールに**左側の合計金額と右側の合計金額は必ず一致する**というルールがあります。

たとえば次のような仕訳は、左側の記入は1つ、右側の記入は2つですが、それぞれの合計金額は一致しています。

この仕訳はあとででてきます。いまは左側と右側の金額合計が一致することだけおさえてください。

（現　　　金）	150	（土　　　地）	100
		（固定資産売却益）	50

借方と貸方

いままで「左側に記入」とか「右側に記入」など、左側、右側という表現で説明してきましたが、簿記では左側のことを**借方**（かりかた）、右側のことを**貸方**（かしかた）といいます。

借方、貸方には特に意味がありませんので、「かりかた」の「り」が左に向かってのびているので左側、「かしかた」の「し」が右に向かってのびているので右側という感じで覚えておきましょう。

（借　　　方）	××	（貸　　　方）	××

かりかた　　　　かしかた

勘定と転記

仕訳をしたら、勘定科目ごとに次のような表に金額を集計します。

> ボックス図も同じで
>
> 勘定科目
>
> | 借　方 | 貸　方 |
> | --- | --- |
>
> を表しています。

この勘定科目ごとに金額を集計する表を**勘定口座**といい、仕訳から勘定口座に記入することを**転記**（てんき）といいます。

> ローマ字のTに形が似ているので、T勘定とかTフォームともいいます。

たとえば、次の仕訳を転記する場合、**借方**の勘定科目が「**材料**」なので、**材料勘定**の**借方**に100（円）と記入します。

また、**貸方**の勘定科目が「**現金**」なので、**現金勘定**の**貸方**に100（円）と記入します。

> 勘定口座への詳しい転記方法はCASE 3で学習しますので、ここでは基本的な転記のルールだけ説明しています。

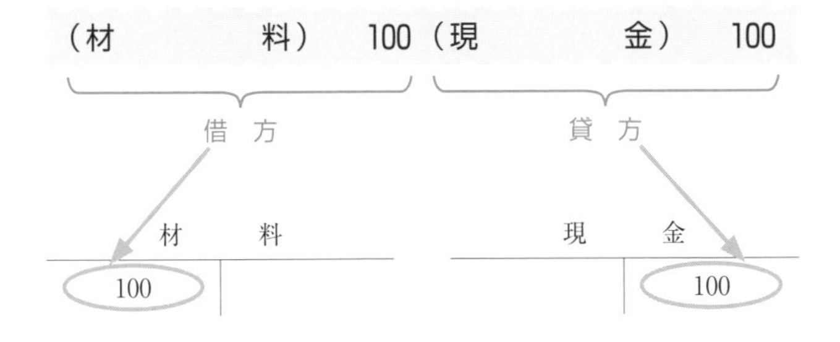

問題編
問題1

CASE 3 帳簿

仕訳帳と総勘定元帳

仕訳の次は何をしたらいいんだろう?
開業
マニュアル

仕訳はなんとなくわかったゴエモン君。「仕訳の次は何をしたらいいのかな?」と思い、開業マニュアルを読んでみると、仕訳の次は転記という作業をするようです。

取引 1月 1日　現金500円を出資して開業した。
1月10日　クロキチ資材より材料200円を仕入れ、現金50円を支払い、残額は掛けとした。

仕訳と仕訳帳

仕訳帳の形式と記入方法を示すとこのようになります。

仕訳は、取引のつど、**仕訳帳**という帳簿に記入します。

取引の日付を記入 ／ 仕訳とコメント(小書き)を記入 ／ 総勘定元帳*の番号を記入　*後述 ／ 借方と貸方に分けて金額を記入 ／ 仕訳帳の頁数

仕　訳　帳　　1

×年		摘要	元丁	借方	貸方
1	1	(現　金) ← 借方の勘定科目	1	500	
		貸方の勘定科目 → (資本金)	18		500
		開　業 ← コメントをつける			
	10	(材　料)　諸　口	20	200	
		同じ側に複数の勘定科目が (現　金)	1		50
		あるときは「諸口(しょくち)」と記入 (工事未払金)	11		150
		クロキチ資材より仕入れ			

仕訳を記入したら線を引く

仕訳をしたら総勘定元帳に転記する！

仕訳帳に仕訳をしたら、**総勘定元帳**という帳簿に記入（**転記**といいます）します。総勘定元帳は勘定科目（口座）ごとに金額を記入する帳簿です。

現金勘定、工事未払金勘定、資本金勘定、材料勘定の記入方法を示すと次のようになります。

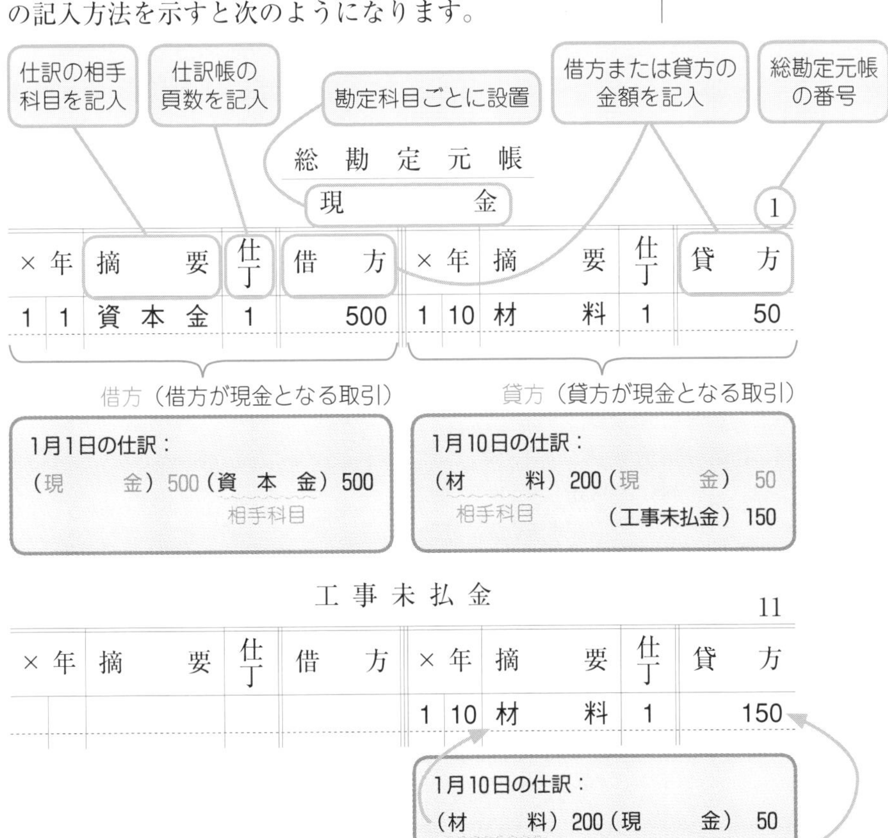

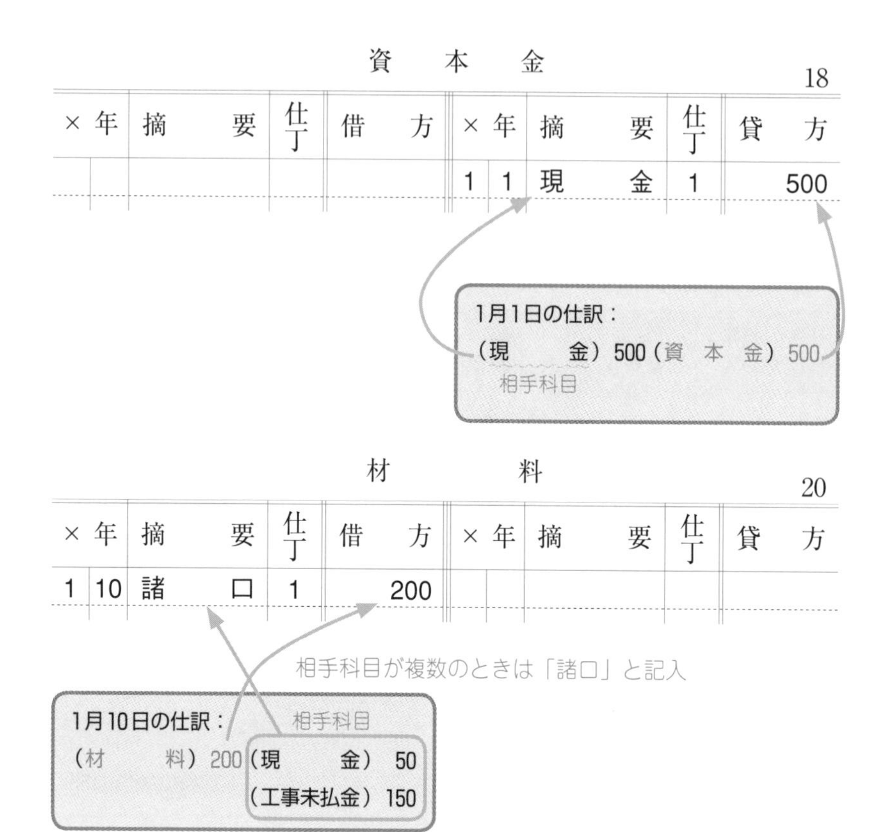

総勘定元帳（略式）の場合

試験では、前記の総勘定元帳を簡略化した総勘定元帳（略式）で出題されることもあります。

略式の総勘定元帳では、日付、相手科目、金額のみを記入します。

CASE3の取引を略式の総勘定元帳に記入すると次のようになります。

総勘定元帳（略式）

現		金	1
1/1 資本金	500	1/10 材料	50

1月1日の仕訳：
（現　金）500（資本金）500
相手科目

1月10日の仕訳：
（材　料）200（現　金）50
相手科目　（工事未払金）150

工事未払金			11
		1/10 材料	150

1月10日の仕訳：
（材　料）200（現　金）50
相手科目　（工事未払金）150

資	本	金	18
		1/1 現金	500

1月1日の仕訳：
（現　金）500（資本金）500
相手科目

材		料	20
1/10 諸口	200		

相手科目が複数のときは「諸口」と記入

1月10日の仕訳：　相手科目
（材　料）200（現　金）50
（工事未払金）150

問題編
問題2

CASE 4 財務諸表

財務諸表の基本

これを作るために仕訳や転記をしてたんだ～
損益計算書
貸借対照表

仕訳や転記もしたし、次は損益計算書と貸借対照表を作らなきゃ。
ここでは、損益計算書と貸借対照表の形式をみておきましょう。

損益計算書の作成

損益計算書は、一会計期間の収益と費用から当期純利益（または当期純損失）を計算した表で、お店の**経営成績**（お店がいくらもうけたのか）を表します。

損益計算書の形式と記入例は次のとおりです。

損　益　計　算　書

ゴエモン建設　　自×1年1月1日　至×1年12月31日　　(単位：円)

費　　　用	金　　　額	収　　　益	金　　　額
完成工事原価	950	完成工事高	1,800
広告宣伝費	60	受取利息	60
水道光熱費	7		
貸倒損失	50		
当期純利益	793		
	1,860		1,860

収益＞費用なら当期純利益（借方）
収益＜費用なら当期純損失（貸方）
当期純利益の場合は赤字で記入
（試験では黒字で記入してください）

借方合計と貸方合計は必ず一致します。

貸借対照表の作成

貸借対照表は、一定時点（決算日）における資産・負債・資本（純資産）の内容と金額をまとめた表で、お店の**財政状態**（お店に資産や負債がいくらあるのか）を表します。

貸借対照表の形式と記入例は次のとおりです。

貸借対照表

ゴエモン建設　　×1年12月31日　　（単位：円）

資産	金額	負債・純資産	金額
現金	200	工事未払金	500
完成工事未収入金	200	資本金	1,500
未成工事支出金	100		
建物	1,000		
備品	500		
	2,000		2,000

借方合計と貸方合計は必ず一致します。

第2章

現金と当座預金

お財布の中にある百円玉、千円札、壱万円札…。
これらの硬貨や紙幣は現金で処理する…。
でも、硬貨や紙幣以外にも、
簿記では現金として処理するものがあるんだって。びっくり！

普通預金や定期預金は、私たち個人の生活でよく利用するものだけど、
商売用の預金には当座預金というものがあるらしい…。

ここでは現金、当座預金の処理についてみていきましょう。

CASE 5 現金

現金の範囲

紙幣や硬貨以外に現金で処理するものってどんなものがあるのかな?
ここでは現金の範囲についてみておきましょう。

現金の範囲

簿記上、現金として処理するものには、通貨(硬貨・紙幣)と通貨代用証券(他人振出小切手や配当金領収証など)があります。

現金の範囲

①通貨…硬貨・紙幣
②通貨代用証券
- 他人振出小切手
- 送金小切手
- 配当金領収証
- 期限到来後の公社債利札
- 郵便為替証書　など

CASE 6 現金過不足

現金の帳簿残高と実際有高が異なるときの仕訳

帳簿上、120円あるはずなのに実際は100円しかないニャ。
帳簿
100

家計簿をつけていて、家計簿上あるべき現金の金額と、実際にお財布の中にある現金の金額が違っていることがありますよね。
これと同じことがお店で起こった場合の仕訳を考えてみましょう。

取引 5月10日　現金の帳簿残高は120円であるが、実際有高を調べたところ100円であった。

用語 **帳簿残高**…帳簿（お店の日々の活動を記録するノート）において、計算上、あるべき現金の金額
実際有高…お店の金庫やお財布に実際にある現金の金額

実際にある現金の金額が帳簿の金額と違うとき

お店では、定期的に帳簿上の現金の残高（帳簿残高）と実際にお店の金庫やお財布の中にある現金の金額（実際有高）が一致しているかどうかをチェックします。そして、もし金額が一致していなかったら、**帳簿残高が実際有高に一致するように修正**します。

現金の実際有高が帳簿残高よりも少ない場合の仕訳

CASE6では、現金の帳簿残高が120円、実際有高が100円なので、帳簿上の現金20円（120円－100円）を減らすことにより、現金の実際有高に一致させます。

帳簿残高>実際有高の場合ですね。

これで帳簿上の現金残高が120円－20円＝100円になりました。

(	)	(現　　金)	20

修正前　現　　金

帳簿上の金額
120円

▶

修正後　現　　金

帳簿上の金額
120円

20円減らす

100円(120円－20円)
実際有高に一致！

過大と不足をあわせて「過不足」ですね。

なお、借方（相手科目）は、**現金過不足**（げんきんかぶそく）という勘定科目で処理します。

CASE6の仕訳

(現 金 過 不 足)	20	(現　　金)	20

現金の実際有高が帳簿残高よりも多い場合の仕訳

一方、現金の実際有高が帳簿残高よりも多いときは、帳簿上の現金を増やすことにより、帳簿残高と実際有高を一致させます。

帳簿残高<実際有高の場合ですね。

したがって、CASE6の現金の帳簿残高が100円で、実際有高が120円だった場合の仕訳は、次のようになります。

(現　　金)	20	(現 金 過 不 足)	20

考え方

①実際有高のほうが20円（120円－100円）多い
　→ 帳簿残高を20円増やす → 借方
②貸方 → 現金過不足

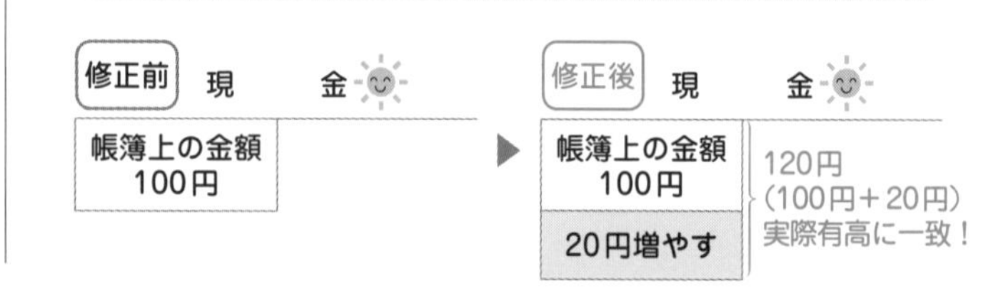

CASE 7 現金過不足

現金過不足の原因が判明したときの仕訳

ゴエモン建設は、先日見つけた現金過不足の原因を調べました。
すると、電話代（通信費）を支払ったときに、帳簿に計上するのを忘れていたことがわかりました。

取引 5月25日　5月10日に生じていた現金の不足額20円の原因を調べたところ、10円は本社の通信費の計上漏れであることがわかった。なお、5月10日に次の仕訳をしている。

（現 金 過 不 足）　20（現　　　金）　20

用語 **通信費**…電話代や郵便切手代など

原因が判明したときの仕訳（借方の場合）

現金過不足が生じた原因がわかったら、正しい勘定科目で処理します。

CASE7では、本来計上すべき通信費が計上されていない（現金過不足が借方に生じている）ので、**通信費（費用）**を計上します。

（通　　信　　費）　10（　　　　　　）

費用の発生⬆

費用の発生は借方！

費　用	収　益
利　益	

これで、現金過不足が解消したので、**借方**に計上している現金過不足を減らします（**貸方**に記入します）。

原因が判明した分（10円）だけ現金過不足を減らします。

CASE7の仕訳

（通　信　費）	10	（現 金 過 不 足）	10

原因が判明したときの仕訳（貸方の場合）

なお、現金過不足が**貸方**に生じていた（実際の現金のほうが多かった）ときは、正しい勘定科目で処理するとともに、**貸方**に計上している現金過不足を減らします（**借方**に記入します）。

したがって、現金過不足20円が貸方に生じていて、そのうち10円の原因が工事代金の回収の記帳漏れだった場合の仕訳は、次のようになります。

工事代金の未回収分を完成工事未収入金といいます。詳しくはCASE21で学習します。

（現 金 過 不 足）	10	（完成工事未収入金）	10

考え方

① 完成工事未収入金の回収 → 完成工事未収入金 を減らす → 貸方

② 現金過不足の解消 → 現金過不足を減らす(借方に記入)

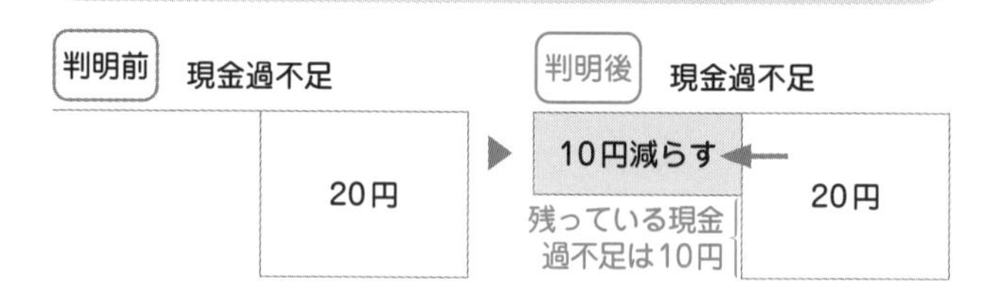

CASE 8

現金過不足

現金過不足の原因が決算日まで判明しなかったときの仕訳

この現金過不足の原因、やっぱりわからないニャ。
帳簿

今日はお店の締め日（決算日）です。でも、ゴエモン建設の帳簿には、いまだに原因がわからない現金過不足が10円（借方）あります。この現金過不足はこのまま帳簿に計上しておいてよいのでしょうか。

取引 12月31日　決算日において現金過不足（借方）が10円あるが、原因が不明なので、雑損失として処理する。

用語 **決算日**…お店のもうけを計算するための締め日
雑損失…特定の勘定科目に該当しない費用（損失）

決算とは

お店は1年に一度、締め日（**決算日**（けっさんび））を設けて、1年間のもうけや資産・負債の状況をまとめる必要があります。このとき行う手続きを**決算**とか**決算手続**といい、決算において行う仕訳を**決算整理**（けっさんせいり）**（仕訳）**といいます。

決算日まで原因がわからなかった現金過不足の処理

現金過不足は、原因が判明するまでの一時的な勘定科目なので、その原因が判明しないからといって、いつまでも帳簿に残しておくことはできません。そこで、**決算日において原因が判明しないものは、雑損失（費用）または雑収入（収益）として処理**します。

決算日における現金過不足（借方）の仕訳

CASE8では、**借方**に現金過不足が残っているので、決算日においてこれを減らします（**貸方**に記入します）。

決算整理前 現金過不足

10円	

▶

決算整理後 現金過不足

10円 →	10円減らす

（　　　　　）		（現 金 過 不 足）	10

CASE8では「雑損失とする」と指示がありますが、実際の問題では、雑損失か雑収入かは自分で判断しなければなりません。

ここで仕訳を見ると**借方**があいているので、**費用**の勘定科目を記入することがわかります。したがって、借方に**雑損失（費用）**と記入します。

CASE8の仕訳

（雑　　損　　失）	10	（現 金 過 不 足）	10

費用の発生↑

決算日における現金過不足（貸方）の仕訳

なお、決算日において、**貸方**に現金過不足が残っているときは、これを減らし（**借方**に記入し）、**貸方**に**雑収入（収益）**と記入します。

したがって、CASE8の現金過不足が貸方に残っている場合の仕訳は次のようになります。

（現 金 過 不 足）	10	（雑　　収　　入）	10

考え方

① 現金過不足を減らす（借方に記入）

② 貸方があいている → 収益の勘定科目 → 雑収入

決算整理前 現金過不足

	10円

▶

決算整理後 現金過不足

10円減らす	← 10円

問題編

問題3、4

CASE 9

当座預金

当座預金口座に預け入れたときの仕訳

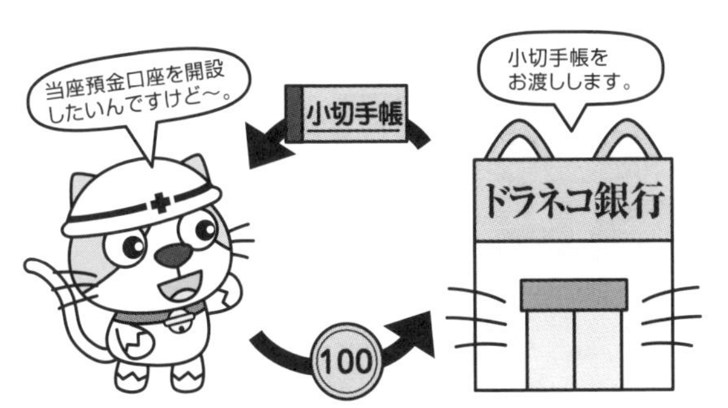

当座預金口座を開設したいんですけど〜。
小切手帳
小切手帳をお渡しします。
ドラネコ銀行
100

ゴエモン建設は、取引先への支払いが増えてきました。
そこで、現金による支払いだけでなく、今後は小切手による支払いができるようにしようと、当座預金口座を開くことにしました。

取引 ゴエモン建設は、ドラネコ銀行と当座取引契約を結び、現金100円を当座預金口座に預け入れた。

用語 **当座預金**…預金の一種で、預金を引き出す際に小切手を用いることが特徴

当座預金ってどんな預金？

当座預金（とうざよきん）とは、預金の一種で、預金を引き出すときに小切手を用いることが特徴です。

ほかに「利息がつかない」という特徴もあります。

現金を当座預金口座に預け入れたときの仕訳

当座預金は預金の一種なので、たくさんあるとうれしいもの＝資産です。

したがって、現金を当座預金口座に預け入れたときは、**手許**（てもと）**の現金（資産）が減り、当座預金（資産）が増える**ことになります。

資産の増加は借方！
もう覚えましたか？

資　産	負　債
	資　本

CASE9の仕訳

（当　座　預　金）	100	（現　　　　金）	100

当座預金が増える⬆　　手許の現金が減る⬇

CASE 10 当座預金

小切手を振り出したときの仕訳

当座預金口座を開設したゴエモン建設は、クロキチ資材に対する掛け代金の支払いを小切手で行うことにしました。
そこで、さっそく銀行からもらった小切手帳に金額とサインを記入して、クロキチ資材に渡しました。

取引 ゴエモン建設はクロキチ資材に対する工事の掛け代金100円を支払うため、小切手を振り出して渡した。

小切手を振り出したときの仕訳

小切手を受け取った人（クロキチ資材）は、銀行にその小切手を持っていくと、現金を受け取ることができます。そして、その現金は小切手を振り出した人（ゴエモン建設）の当座預金口座から引き出されます。

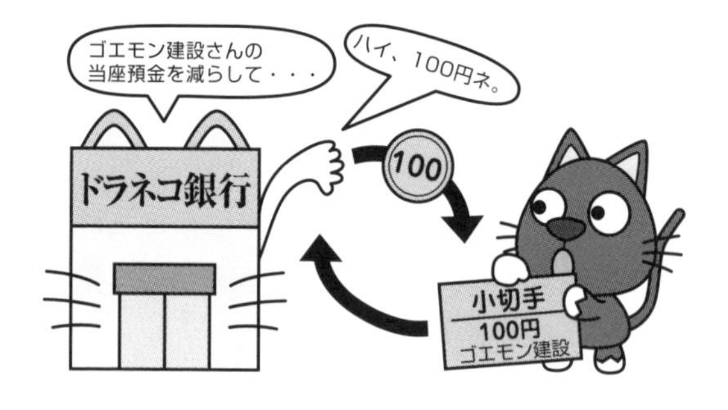

したがって、小切手を振り出した人（ゴエモン建設）は、小切手を振り出したときに**当座預金が引き出されたとして、当座預金（資産）**を減らします。

CASE10の仕訳

（工事未払金）	100	（当座預金）	100

資産の減少⬇

材料などの未払分を工事未払金といいます。詳しくはCASE19で学習します。

自己振出小切手を受け取ったときの仕訳

なお、自分が振り出した小切手（**自己振出小切手**（じこふりだしこぎって））を受け取ったときは、当座預金（資産）が増えたとして処理します。したがって、完成工事未収入金100円の回収にあたって、以前に自分が振り出した小切手を受け取ったという場合の仕訳は、次のようになります。

小切手を振り出したとき、当座預金の減少で処理しているので、その反対です。

（当座預金）	100	（完成工事未収入金）	100

考え方

①完成工事未収入金の回収
　→ 完成工事未収入金の減少⬇ → 貸方
②自己振出小切手を受け取った
　→ 当座預金の増加⬆→ 借方

だれが振り出したかで小切手の処理が異なる！

以上のように、**自己振出小切手**は**当座預金**で処理しますが、**他人振出小切手**は**現金**で処理します。

このように、小切手の処理は「だれが振り出したか」によって異なるので、注意しましょう。

違いに注意！
・自己振出小切手…当座預金で処理
・他人振出小切手…現金で処理

ただし、受け取った他人振出小切手をただちに当座預金口座に預け入れた場合などは、当座預金の増加で処理します。

問題編
問題5～7

CASE 11

当座借越

当座預金の残高を超えて引き出したときの仕訳

「普通は当座預金の残高を超える引き出しはできませんが、当座借越契約を結んでおけば当座預金の残高を超える引き出しができますよ」と銀行の担当者が言うので、ゴエモン建設はさっそく、そのサービスを利用することにしました。

取引 ゴエモン建設は工事未払金120円を小切手を振り出して支払った。なお、当座預金の残高は100円であったが、ゴエモン建設はドラネコ銀行と借越限度額300円の当座借越契約を結んでいる。

用語 **当座借越**…当座預金の残高を超えて当座預金を引き出すこと

当座借越とは

通常、当座預金の残高を超えて当座預金を引き出すことはできませんが、銀行と当座借越契約（とうざかりこしけいやく）という契約を結んでおくと、一定額（CASE11では300円）までは、当座預金の残高を超えて当座預金を引き出すことができます。

このように、当座預金の残高を超えて当座預金を引き出すことを、**当座借越**（とうざかりこし）といいます。

当座預金残高を超えて引き出したときの仕訳（二勘定制）

当座預金の残高を超えて引き出したときは、まず、当座預金の残高がゼロになるまでは当座預金（資産）を減らします。そして、当座預金の残高を超える金額は**当座借越**という**負債**の勘定科目で処理します。

当座借越は銀行から借り入れているのと同じなので、負債です。

資　産	負　債
	資　本

CASE11では、当座預金の残高が100円なので、まず、当座預金（資産）100円を減らし、100円を超える金額20円（120円－100円）は**当座借越（負債）**として処理します。

CASE11の仕訳

（工 事 未 払 金）	120	（当　座　預　金）	100
		（当　座　借　越）	20

負債の増加⬆

小切手振出前　当座預金

残高100円

▶

小切手振出後　当座預金

残高100円 ⟶ 100円を減らす

当座借越

20円

このように、当座預金の預け入れや引き出しについて、**当座預金**と**当座借越**の２つの勘定科目を使って処理する方法を**二勘定制**といいます。

二勘定制以外の方法（一勘定制）については、あとの「参考」で説明します。

なお、当座借越は、貸借対照表上「短期借入金」として表示されます。

CASE 12

当座借越

当座預金口座へ預け入れたときの仕訳（当座借越がある場合）

ゴエモン建設は、ドラネコ銀行の当座預金口座に現金200円を預け入れました。
ただし、ドラネコ銀行には当座借越の残高が20円あります。この場合、どのような仕訳をしたらよいでしょうか？

取引 ゴエモン建設はドラネコ銀行の当座預金口座に現金200円を預け入れた。なお、ゴエモン建設はドラネコ銀行と借越限度額300円の当座借越契約を結んでおり、当座借越の残高は20円であった。

ここまでの知識で仕訳をうめると…

（　　　　）		（現　　金）	200

現金の預け入れ

当座預金口座に預け入れたときの仕訳（二勘定制）

CASE12のように当座借越の残高がある場合に、当座預金口座に現金を預け入れたときは、まず**当座借越（負債）20円を返して、残り180円**（200円－20円）**を当座預金（資産）に預け入れた**として処理します。

CASE12の仕訳

（当座借越）	20	（現　　金）	200
（当座預金）	180		

参考

一勘定制

当座預金の預け入れや引き出しについて、**当座**という勘定科目のみで処理する方法もあり、この方法を**一勘定制**といいます。

一勘定制によって、当座預金の引き出しと預け入れの仕訳を示すと次のようになります。

[例1] 当座預金の残高を超えて引き出したときの仕訳

ゴエモン建設は工事未払金120円を小切手を振り出して支払った。なお、当座預金の残高は100円であったが、ゴエモン建設はドラネコ銀行と借越限度額300円の当座借越契約を結んでいる（一勘定制）。

すべて「当座」で処理

(工事未払金)	120	(当　　座)	120

[例2] 当座預金口座に預け入れたときの仕訳

ゴエモン建設は現金200円を当座預金口座に預け入れた（一勘定制）。なお、当座借越の残高が20円ある。

すべて「当座」で処理

(当　　座)	200	(現　　金)	200

問題編

問題8、9

第3章

小口現金

バス代や文房具代など、こまごまとした支払いは日々生じる…。
だから少額の現金（小口現金）を手許においておく必要があるんだ。

ここでは小口現金の処理についてみていきましょう。

CASE 13

小口現金

小口現金を前渡ししたときの仕訳

ゴエモン建設では、盗難防止のため、受け取った現金は当座預金口座に預け入れています。しかし、電車代や文房具代などの細かい支払いは日々生じるため、少額の現金を手許に残し、小口現金として管理することにしました。

取引 6月1日　ゴエモン建設では定額資金前渡法を採用し、小口現金500円を、小切手を振り出して小口現金係に渡した。

用語 **定額資金前渡法**…一定の金額の現金を小口現金係に前渡ししておく方法
小口現金…日々の細かい支払いのために手許においておく少額の現金

ここまでの知識で仕訳をうめると…

（　　　　　）	（当　座　預　金）	500

小切手を振り出した
→当座預金の減少⬇

小口現金ってどんな現金？

企業の規模が大きくなると、経理部や営業部などの部署が設けられます。お金の管理は経理部で行いますが、営業部の社員が取引先に行くための電車代を支払ったり、事務で必要な文房具を買うために、いちいち経理部に現金をもらいにいくのは面倒です。

そこで、通常、日々生じる細かい支払いに備えて、各部署や各課に少額の現金を手渡しておきます。この少額の現金のことを**小口現金**(こぐちげんきん)といいます。

また、各部署や各課で小口現金を管理する人を**小口現金係**といいます。

お店全体のお金を管理して取引を仕訳する人は会計係といいます。部署でいうなら経理部ですね。

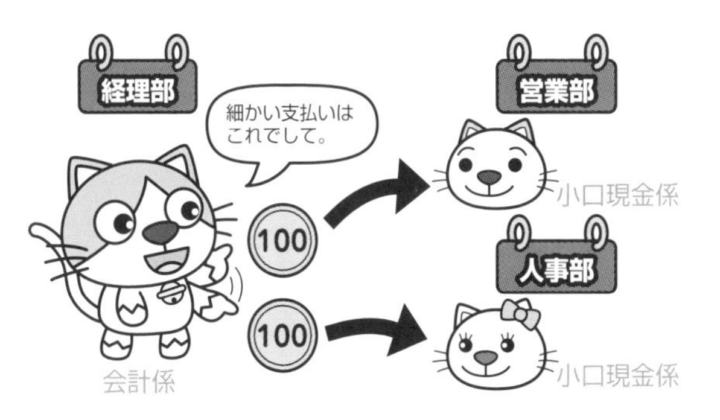

会計係は、一定期間（1週間や1カ月）後に小口現金係から何にいくら使ったかの報告を受け、使った分だけ小口現金を補給します。このように一定の小口現金を前渡ししておくシステムを、**定額資金前渡法**（ていがくしきんまえわたしほう）（インプレスト・システム）といいます。

小口現金を前渡ししたときの仕訳

小口現金は現金の一種なので、資産です。したがって、小口現金として前渡ししたときは、**小口現金（資産）の増加**として処理します。

CASE13の仕訳

（小口現金）	500	（当座預金）	500

資産の増加↑

CASE 14

小口現金

小口現金係が小口現金で支払ったときの仕訳

ゴエモン建設で小口現金の管理を任されている小口現金係のミケ君は、今日、文房具100円とお客さん用のお茶菓子200円を買い、小口現金で支払いました。

取引 6月4日　小口現金係が文房具代（事務用消耗品費）100円とお茶菓子代（雑費）200円を小口現金で支払った。

用語 **事務用消耗品費**…ボールペンやコピー用紙など、一度使うとなくなってしまうもの（消耗品）の代金
雑　　　　費…どの勘定科目にもあてはまらない、少額で重要性の低い費用

小口現金係が小口現金で支払ったときの仕訳

小口現金係が小口現金で支払いをしたとしても、小口現金係が帳簿に仕訳をするわけではありません。

したがって、小口現金係が小口現金で支払ったときには**なんの仕訳もしません。**

帳簿に記録するのは、あくまでも会計係（経理部）で、小口現金係はメモに残しておき、あとで会計係に報告します。

CASE14の仕訳

仕　訳　な　し

CASE 15

小口現金

会計係が小口現金係から支払報告を受けたときの仕訳

ゴエモン建設では店主であるゴエモン君が会計係としてお店の帳簿をつけています。
今日、小口現金係のミケ君から今週の小口現金の支払報告を受けました。

取引 6月5日　小口現金係より、文房具代（事務用消耗品費）100円とお茶菓子代（雑費）200円を小口現金で支払ったという報告を受けた。なお、小口現金係に前渡ししている金額は500円である。

会計係が支払報告を受けたときの仕訳

会計係は、小口現金係から一定期間（1週間や1カ月）に使った小口現金の金額とその内容の報告を受け、仕訳をします。

この時点で会計係に支払いの内容が伝わるので、会計係が仕訳します。

CASE15では、事務用消耗品費100円と雑費200円に小口現金を使っているので、小口現金300円（100円＋200円）を減らすとともに、**事務用消耗品費**と**雑費**を計上します。

CASE15の仕訳

（事務用消耗品費）	100	（小　口　現　金）	300
（雑　　　　　費）	200		

○○費とつくのは費用の勘定科目です。

費　用	収　益
利　益	

小　口　現　金

前渡分500円	使った分300円を減らす
	残っている金額200円

CASE 16

小口現金

会計係が小口現金を補給したときの仕訳

今日は月曜日。ゴエモン建設では金曜日に小口現金の支払報告を受け、次週の月曜日に使った分だけ補給するようにしています。
そこで、先週使った分(300円)の小切手を振り出し、小口現金を補給しました。

取引 6月8日　先週の小口現金係の支払報告に基づいて、小口現金300円を小切手を振り出して補給した。なお、ゴエモン建設では定額資金前渡法を採用しており、小口現金として500円を前渡ししている。

会計係が小口現金を補給したときの仕訳

定額資金前渡法では、使った分（300円）だけ小口現金を補給します。したがって、補給分だけ**小口現金（資産）の増加**として処理します。

使った分（300円）だけ補給することにより、定額（500円）に戻ります。

CASE16の仕訳

（小　口　現　金）　300（当　座　預　金）　300

補給前　小口現金

先週末の残高 200円

▶

補給後　小口現金

先週末の残高 200円	補給後残高 500円
補給分 300円	

支払報告と小口現金の補給が同時のときの仕訳

小口現金の補給は、支払報告を受けたときに、ただちに行うこともあります。

金曜日に報告を受けて、金曜日に補給するケースですね。

このように支払報告と小口現金の補給が同時のときは、**①支払報告時の仕訳**（CASE15）と**②補給時の仕訳**（CASE16）をまとめて行います。

①支払報告時の仕訳（CASE15）

（事務用消耗品費）	100	~~（小 口 現 金）~~	~~300~~
（雑　　　　費）	200		

＋

②補給時の仕訳（CASE16）

~~（小 口 現 金）~~	~~300~~	（当 座 預 金）	300

↓

③支払報告と補給が同時の場合の仕訳

（事務用消耗品費）	100	（当 座 預 金）	300
（雑　　　　費）	200		

①の貸方の小口現金と②の借方の小口現金が相殺されて消えます。

問題編

問題10、11

CASE 17 小口現金

小口現金出納帳への記入

ちゃんと管理しなきゃ！
小口現金出納帳
小口現金

小口現金も、日々よく使います。
そこで、小口現金についても小口現金出納帳を設けて記入し、管理することにしました。

取引 今週の小口現金の支払状況は次のとおりである（前渡額1,000円）。

4月2日	電車代	200円
3日	コピー用紙代	300円
4日	お茶菓子代	100円
5日	バス代	150円

小口現金出納帳

小口現金出納帳（こぐちげんきんすいとうちょう）は小口現金をいつ何に使ったのかを記録する帳簿です。

なお、小口現金をいつ補給するのかによって、小口現金出納帳への記入方法が異なります。

週（または月）の初めに補給する場合の記入方法

週（または月）の初めに会計係が小口現金を補給する場合の記入方法は次のとおりです。

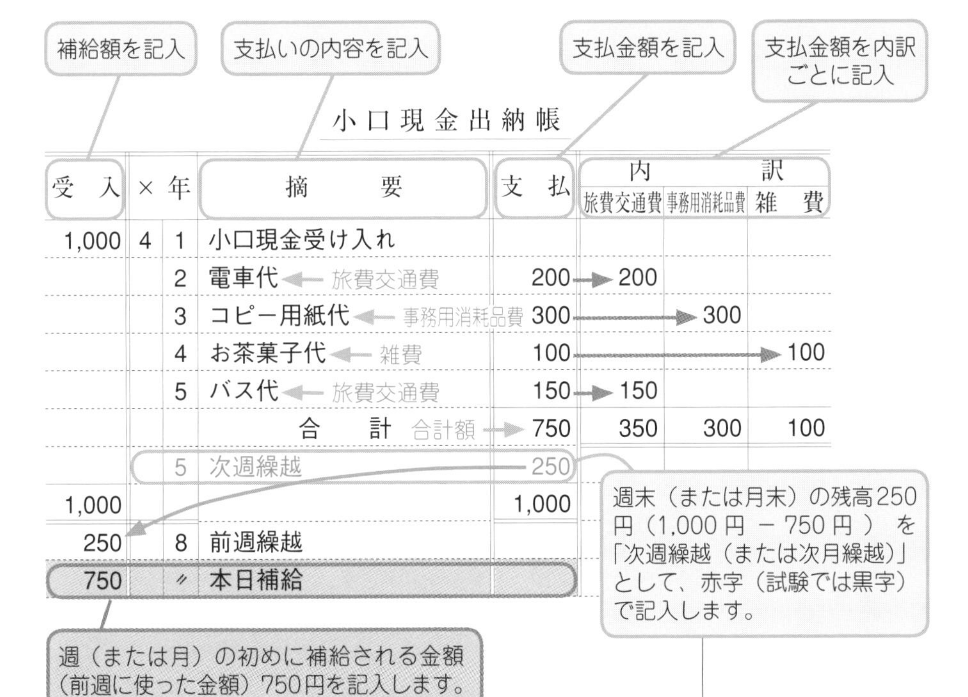
補給額を記入
支払いの内容を記入
支払金額を記入
支払金額を内訳ごとに記入
旅費交通費
事務用消耗品費
雑費
旅費交通費
合計額
週末（または月末）の残高250円（1,000円 − 750円）を「次週繰越（または次月繰越）」として、赤字（試験では黒字）で記入します。
週（または月）の初めに補給される金額（前週に使った金額）750円を記入します。

小口現金出納帳

受入	×年		摘要	支払	内訳		
					旅費交通費	事務用消耗品費	雑費
1,000	4	1	小口現金受け入れ				
		2	電車代	200	200		
		3	コピー用紙代	300		300	
		4	お茶菓子代	100			100
		5	バス代	150	150		
			合計	750	350	300	100
		5	次週繰越	250			
1,000				1,000			
250		8	前週繰越				
750		〃	本日補給				

週末（または月末）に補給する場合の記入方法

週末（または月末）に会計係が小口現金を補給する場合の記入方法は次のとおりです。

合計欄より上の記入は、上記と同じなので省略します。

小口現金出納帳

受入	×年		摘要	支払	内訳		
					旅費交通費	事務用消耗品費	雑費
			⋮				
			合計	750	350	300	100
750		5	本日補給				
		〃	次週繰越	1,000			
1,750				1,750			
1,000		8	前週繰越				

週末（または月末）に補給される金額（使った金額）750円を記入します。

週末（または月末）に補給されたので定額（1,000円）が次週に繰り越されます。

問題編
問題12、13

第4章

建設業における債権・債務

商品売買の場合には、
売掛金や買掛金で処理していた債権・債務は
建設業ではどう処理するのだろう。

ここでは、建設業における債権・債務の処理についてみていきましょう。

CASE 18

前渡金（未成工事支出金）

材料の注文時に内金を支払ったときの仕訳

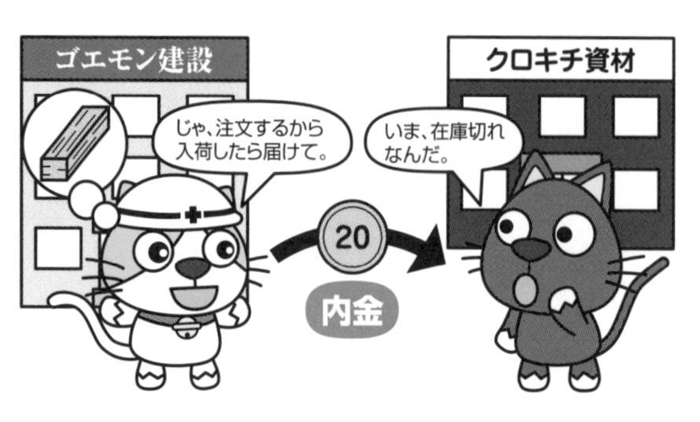

ゴエモン君は、クロキチ資材に材料100円を買いに行きました。しかし、材料は、いま在庫が切れていて10日後に入荷されるそうです。そこで、材料の注文をするとともに、内金として20円を支払いました。

取引 ゴエモン建設はクロキチ資材に材料100円を注文し、内金として20円を、現金で支払った。

用語 内　金…代金の一部を前払いしたときのお金

ここまでの知識で仕訳をうめると…

（　　　　）		（現　　　金）	20

現金で支払った↓

> 手付金（てつけきん）ということもあります。

> この時点ではまだ材料などを受け取っていない（注文しただけ）ので、材料などの計上の仕訳はしません。

材料の注文時に内金を支払ったときの仕訳

材料を注文したり、工事を外注したときに代金の一部を内金（うちきん）として前払いすることがあります。内金を支払うことにより、買主（ゴエモン建設）は、あとで材料などを受け取ることができるため、このあとで材料などを受け取ることができる権利を**前渡金（まえわたしきん）（資産）**として処理します。

CASE18の仕訳

（前　渡　金）	20	（現　　　金）	20

資産の増加↑

CASE 19 工事未払金

内金を支払って材料を仕入れたときの仕訳

内金を支払って10日後。
ゴエモン建設はクロキチ資材から材料を受け取りました。代金100円のうち、20円は内金として支払っている分を充て、残りは掛けとしました。

取引 ゴエモン建設はクロキチ資材から材料100円を受け取り、代金のうち20円は注文時に支払った内金と相殺し、残額は掛けとした。

材料を受け取ったときの仕訳

材料を受け取ったときに**材料（資産）**の計上を行います。

（材　　料）	100	（　　　）	

また、材料を受け取ると、あとで材料を受け取る権利がなくなるので、**前渡金（資産）の減少**として処理します。

なお、内金を相殺（そうさい）した残額は掛けとしているため、その残額は**工事未払金（負債）**で処理します。

材料などの資産を受け取ったにも関わらず、まだ支払っていないお金です。

CASE19の仕訳

（材　　料）	100	（前　渡　金）	20
		（工 事 未 払 金）	80

差額 100円－20円

CASE 20

未成工事受入金

工事の受注時に内金を受け取ったときの仕訳

内金の受け取りについてみてみましょう。
ゴエモン建設はクロキチ資材から工事の注文を受け、このとき内金20円を現金で受け取りました。

取引 ゴエモン建設は、クロキチ資材から工事100円の注文を受け、内金として20円を現金で受け取った。

ここまでの知識で仕訳をうめると…

(現　　金)	20	(　　　　)	

現金で受け取った↑

工事の受注時に内金を受け取ったときの仕訳

工事の受注時に内金を受け取ったことにより、売主（ゴエモン建設）は、あとで工事を行わなければならない義務が生じます。

この、あとで工事を行わなければならない義務は、**未成工事受入金（負債）**として処理します。

この時点ではまだ建物を引き渡していないため、完成工事高は計上されません。

CASE20の仕訳

(現　　金)	20	(未成工事受入金)	20

負債の増加↑

CASE 21

完成工事未収入金

工事が完成し引き渡したときの仕訳

ゴエモン建設は工事が完成し、クロキチ資材に、建物を引き渡し、代金100円のうち、20円は内金として受け取っている分を充て、残りは掛けとしました。

取引 ゴエモン建設は、クロキチ資材に建物100円を引き渡し、代金のうち20円は受注時に受け取った内金と相殺し、残額は掛けとした。

工事が完成し引き渡したときの仕訳

工事が完成し引き渡したときに**完成工事高（収益）**を計上します。

（　　　　　　）		（完成工事高）	100

また、建物を引き渡すことにより、あとで建物を引き渡さなければならなかった義務がなくなるので、**未成工事受入金（負債）の減少**として処理します。

なお、内金を相殺した残額は掛けとしているため、その残額は**完成工事未収入金（資産）**で処理します。

工事が完成し引き渡したけれども、まだ受け取っていないお金です。

CASE21の仕訳

（未成工事受入金）	20	（完成工事高）	100
（完成工事未収入金）	80		

差額
100円－20円

問題編
問題14、15

CASE 22 返　品

材料の返品があったときの仕訳

ゴエモン建設は先日、クロキチ資材から材料を仕入れました。
ところが、このうち10円分について注文した材料と違うものが届いていたため、それをクロキチ資材に返品しました。

取引 ゴエモン建設は、クロキチ資材より掛けで仕入れた材料100円のうち10円を品違いのため、返品した。

用語 **返　品**…材料を返すこと

仕入れた材料を返品したときの仕訳

注文した材料と違う材料が送られてきたときは、材料を返品します。このように、いったん仕入れた材料を仕入先に返すことを**返品（戻し）**といいます。

返品（戻し）をしたときは、返品分の材料の仕入れがなかったことになるため、**返品分の材料を取り消します**。

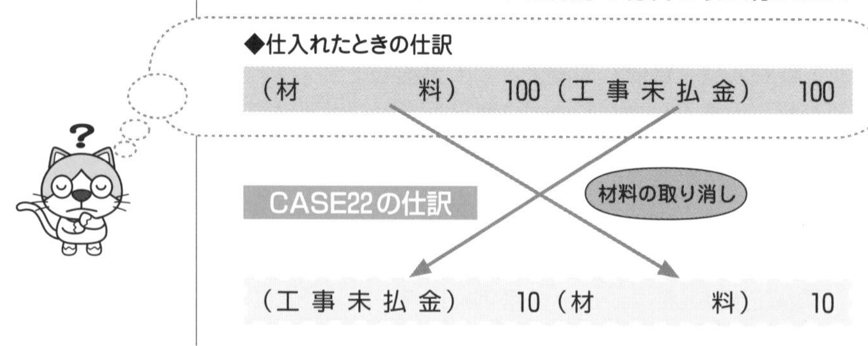

CASE 23 値引き

値引きがあったときの仕訳

先日、クロキチ資材から仕入れた材料にちょっとした傷があるのを発見しました。ひどい傷なら返品しますが、それほどの傷ではなかったので、返品しないで代金を10円まけてもらうことにしました。

取引 クロキチ資材より掛けで仕入れた材料100円に少し傷がついていたため10円の値引きをしてもらった。

用語 **値引き**…代金を下げて（まけて）もらうこと

値引きをしてもらったときの仕訳

仕入れた材料に傷や汚れなどがあり、材料の代金をまけて（下げて）もらうことがあります。これを**値引き**（ねびき）といいます。

傷や汚れを汚損（おそん）といいます。

値引きをしてもらったときには、値引いてもらった分、安く仕入れたことになります。したがって、値引分の材料の仕入れがなかったとして、**値引分の材料を取り消します**。

ただし、材料は返品しません。

◆仕入れたときの仕訳

（材　　料）	100	（工事未払金）	100

CASE23の仕訳

材料の取り消し

（工事未払金）	10	（材　　料）	10

割戻しを受けたときの仕訳

ゴエモン建設は、クロキチ資材から一定額以上の材料を仕入れた場合、リベート（割戻し）を受け取ることになっています。そして、先日の仕入金額が一定額を超えたため、10円の割戻しを受け、工事未払金と相殺しました。

取引 材料仕入先クロキチ資材から10円の割戻しを受け、工事未払金と相殺した。

用語 **割戻し**…一定期間に大量の材料を仕入れてくれた取引先に対して、代金の一部を返すこと

割戻しとは

一定の期間に大量の材料等を仕入れてくれた取引先に対して、リベートとして代金の一部を返すことがあります。これを**割戻し**（わりもど）といいます。

割戻しを受けたときの処理

割戻しを受けたときは、値引きや返品のときと同様に**材料仕入を取り消す処理**をします。

したがって、CASE24の仕訳は次のようになります。

問題編
問題16、17

CASE24の仕訳

（工事未払金）	10	（材　　料）	10

CASE 25

帳　簿

工事未払金台帳への記入

ゴエモン建設はクロキチ資材とは掛け取引をしています。そこで、仕入代金の前払分・未払分を把握するために工事未払金台帳に記入することにしました。

取引 今月の取引は次のとおりである。

9月 5日　アビ商会より材料10個（@20円）を仕入れ、現金で支払った。

12日　クロキチ資材より材料40個（@10円）を掛けで仕入れた。

17日　クロキチ資材より購入した材料５個（@10円）を返品した。

30日　クロキチ資材の工事未払金300円を現金で支払った。

工事未払金台帳

工事未払金台帳（**仕入先元帳**ともいいます）は取引先別に工事未払金の状況を把握するために記録する帳簿です。

工事未払金台帳の形式と記入を示すと次のようになります。

工事未払金を管理するための帳簿なので、掛けで仕入れたときは記入しますが、現金で仕入れたときは記入しません。

クロキチ資材に対する工事未払金の増減のみ記入します。

借方残高の場合は「借」、貸方残高の場合は「貸」と記入。前日と同じ場合は「〃」と記入。

工事未払金台帳

取引先ごとに記入 → クロキチ資材

×年		摘要	借方	貸方	借/貸	残高
9	1	前月繰越		300	貸	300
	12	掛け仕入れ		⊕400	〃	700
	17	返品	⊖ 50		〃	650
	30	工事未払金の支払い	⊖300		〃	350
	〃	次月繰越	350			
		借方欄合計と貸方欄合計を記入 →	700	700		
10	1	前月繰越		350	貸	350

問題編

問題18

CASE 26 帳　簿

得意先元帳への記入

シロミ物産の未成工事受入金と完成工事未収入金は…。
帳簿

ゴエモン建設は、得意先が順調に増えてきました。そこで、工事代金の前受分・未収分を管理するために、得意先元帳を作ることにしました。

取引 今月の取引は次のとおりである。

10月 7日　シロミ物産と建築工事500円の請負契約が成立し、工事代金300円を現金で前受けした。

15日　シロミ物産の工事500円が完成し、建物を引き渡し、未成工事受入金と相殺した金額を請求した。

30日　シロミ物産から、工事代金の未収分400円がゴエモン建設の当座預金に振り込まれた。

得意先元帳

得意先元帳(とくいさきもとちょう)（**工事未収入金台帳**(こうじみしゅうにゅうきんだいちょう)ともいいます）は、得意先別に未成工事受入金と完成工事未収入金の状況を把握するために記録する帳簿です。

得意先元帳の形式と記入を示すと次のようになります。

記入のしかたは工事未払金台帳と同じです。

得意先元帳

得意先ごとに記入 → シロミ物産

×	年	摘要	借方	貸方	借／貸	残高
10	1	前月繰越	700		借	700
	7	工事代金の前受け		⊖ 300	〃	400
	15	前受けの相殺	⊕ 300		〃	700
	〃	掛け売上	⊕ 200		〃	900
	30	完成工事未収入金の回収		⊖ 400	〃	500
	31	次月繰越		500		
借方欄合計と貸方欄合計を記入 →			1,200	1,200		
11	1	前月繰越	500		借	500

第5章

手　形

今月はちょっと資金繰りが苦しいから、
代金の支払期日をなるべく延ばしたい…。
そんなときは、手形というものを使うといいらしい。

ここでは手形の処理についてみていきましょう。

CASE 27

約束手形

約束手形を振り出したときの仕訳

今月は資金繰りが少し苦しい状態です。そこで、代金の支払期日を遅らせる手段がないかと調べてみたところ、約束手形を使うとよさそうなことがわかったので、さっそく使ってみることにしました。

取引 ゴエモン建設は、クロキチ資材から材料100円を仕入れ、代金は約束手形を振り出して渡した。

用語 **約束手形**…「いつまでにいくらを支払う」ということを書いた証券

ここまでの知識で仕訳をうめると…

(材　　　料)	100	(　　　　　)

材料を仕入れた

約束手形とは？

約束手形（やくそくてがた）とは、一定の日にいくらを支払うという約束を記載した証券をいいます。

No. 12　約　束　手　形

支払期日：代金支払いの期限

約束手形の代金を受け取る人

クロキチ資材　殿

金額　¥100※

支払期日	×1年 9 月30日
支払地	東京都港区
支払場所	ドラネコ銀行港支店

上記金額をあなたまたはあなたの指図人へこの約束手形と引き換えにお支払いいたします。

×1年 7 月10日
振出地 住所　東京都港区××
振出人　ゴエモン建設
猫野ゴエモン　(猫野)

振出人：約束手形を振り出した人

掛け取引の場合の支払期日は取引の日から約１カ月後ですが、約束手形の支払期日は、取引の日から２、３カ月後に設定することができます。

したがって、代金を掛けとするよりも約束手形を振り出すほうが、支払いを先に延ばすことができるのです。

約束手形を振り出したときの仕訳

約束手形を振り出したときは、あとで代金を支払わなければならないという義務が生じます。

この約束手形による代金の支払義務は、**支払手形（負債）**として処理します。

支払手形は負債なので、増えたら貸方！

資　産	負　債
	資　本

CASE27の仕訳

（材　　　料）	100	（支　払　手　形）	100
		負債の増加⬆	

約束手形の代金を支払ったときの仕訳

また、約束手形の支払期日に手形代金を支払ったときは、代金の支払義務がなくなるので、**支払手形（負債）の減少**として処理します。

したがって、CASE27の約束手形の代金を、当座預金口座から支払ったとした場合の仕訳は、次のようになります。

（支　払　手　形）	100	（当　座　預　金）	100
負債の減少⬇			

問題編
問題20

CASE 28 約束手形

約束手形を受け取ったときの仕訳

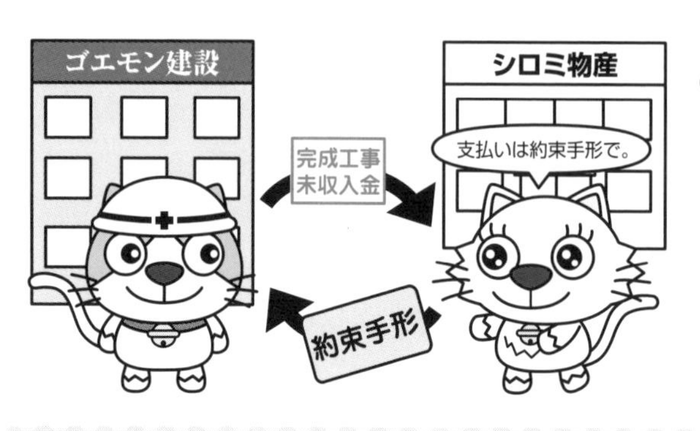

今日、ゴエモン建設はシロミ物産に対する完成工事未収入金200円を約束手形で回収しました。
通常、シロミ物産とは掛けで取引をしているのですが、今日はシロミ物産から約束手形を受け取りました。

取引 ゴエモン建設は、シロミ物産に対する完成工事未収入金200円を約束手形で回収した。

ここまでの知識で仕訳をうめると…

( )		(完成工事未収入金)	200

完成工事未収入金を回収した
資産の減少⬇

約束手形を受け取ったときの仕訳

約束手形を受け取ったときは、あとで代金を受け取ることができるという権利が生じます。この約束手形による代金を受け取る権利は、**受取手形（資産）**として処理します。

受取手形は資産なので、増えたら借方！

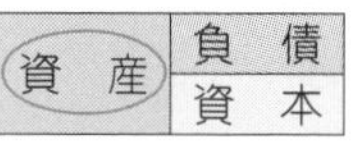

CASE28の仕訳

(受取手形)	200	(完成工事未収入金)	200

資産の増加⬆

約束手形の代金を受け取ったときの仕訳

また、約束手形の支払期日に手形代金を受け取ったときは、代金を受け取る権利がなくなるので、**受取手形（資産）の減少**として処理します。

したがって、CASE28の約束手形の代金が、仮に当座預金口座に振り込まれたとした場合の仕訳は、次のようになります。

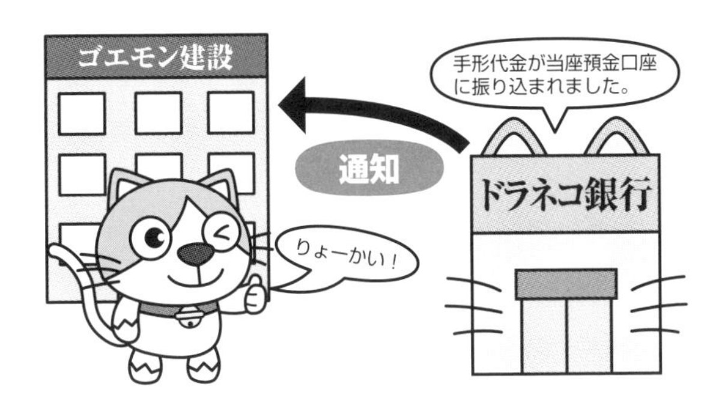

（当 座 預 金）	200	（受 取 手 形）	200

資産の減少⬇

約束手形を取りまく登場人物の呼び名

約束手形の取引において、約束手形を振り出した人を**振出人**（ふりだしにん）、約束手形を受け取った人を**受取人**（うけとりにん）または**名宛人**（なあてにん）といいます。

名前は覚えなくても、振り出した側か受け取った側かがわかれば仕訳はつくれます。

問題編
問題21

CASE 29

約束手形

自己振出手形を回収したときの仕訳

本日、工事代金を手形で回収したところ、この手形は以前自店舗が振り出した支払手形でした。この手形はどのように処理するのでしょうか？

取引 ゴエモン建設は、シロミ物産に対する完成工事未収入金200円を、以前自店舗が振り出した約束手形で回収した。

自己振出手形の回収の仕訳

工事代金を手形で回収する際、まれに自店舗が以前に振り出した支払手形で回収することがあります。

この場合、過去に振り出した支払手形の支払義務が消滅するため、受取手形の増加ではなく、以前振り出した**支払手形の回収（減少）**として処理します。

なお、このときの相手科目（貸方）は**完成工事未収入金（資産）**で処理します。

CASE29の仕訳

（支 払 手 形）	200	（完成工事未収入金）	200
負債の減少⬇		資産の減少⬇	

問題編
問題22

CASE 30 為替手形

為替手形を振り出したときの仕訳

ゴエモン建設
振り出し
クロキチ資材
お金はシロミ物産が払うから。
為替手形
わかった。
工事未払金
シロミ物産
完成工事未収入金を減額するから、代わりに払ってくれない?
いいですよぉ〜。
完成工事未収入金

ゴエモン建設には、シロミ物産に対する完成工事未収入金と、クロキチ資材に対する工事未払金があります。
そこで、為替手形を振り出して、シロミ物産から直接クロキチ資材に代金を支払ってもらうようにしました。

取引 ゴエモン建設は、クロキチ資材に対する工事未払金100円を支払うため、かねて完成工事未収入金のあるシロミ物産を名宛人とする為替手形を振り出し、シロミ物産の引き受けを得てクロキチ資材に渡した。

用語 **為替手形**…自分の代わりに代金の支払いをお願いする証券
名宛人(為替手形の場合)…手形代金を支払う人
(為替手形の)**引き受け**…「手形代金の支払いを引き受けますよ」ということ

為替手形で自分の代わりに代金を支払ってもらう

為替手形(かわせてがた)とは、手形を振り出した人(ゴエモン建設)が、得意先(シロミ物産)などに対して、「決められた日にいくらをだれ(クロキチ資材)に支払ってください」とお願いする証券をいいます。

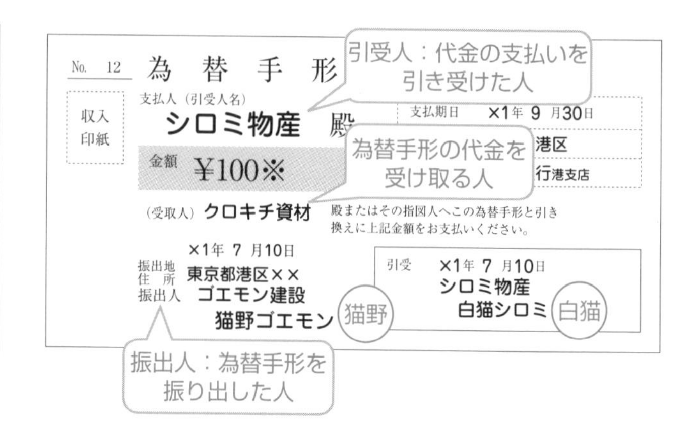
No. 12 為替手形

支払人（引受人名）
シロミ物産 殿

収入印紙

金額 ¥100※

（受取人）クロキチ資材 殿またはその指図人へこの為替手形と引き換えに上記金額をお支払いください。

支払期日 ×1年 9 月30日

×1年 7 月10日
振出地 住所 東京都港区××
振出人 ゴエモン建設
猫野ゴエモン （猫野）

引受 ×1年 7 月10日
シロミ物産
白猫シロミ （白猫）

CASE30のゴエモン建設のように、クロキチ資材に対して工事未払金があり、シロミ物産に対して完成工事未収入金がある場合、本来はシロミ物産から完成工事未収入金を回収して、クロキチ資材の工事未払金を支払うという流れになりますが、シロミ物産にクロキチ資材の工事未払金を支払ってもらっても結果は同じです。

そこで、ゴエモン建設は為替手形を振り出すことによって、シロミ物産からクロキチ資材に代金を支払ってもらうのです。

シロミ物産が「支払うよ」と言ってくれなければ、為替手形を振り出せません。

なお、為替手形を振り出すときには、支払いをお願いする人（シロミ物産）に承諾してもらう（これを**引き受ける**といいます）ことが必要です。

為替手形を振り出したときの仕訳

ゴエモン建設が為替手形を振り出すと、クロキチ資材に対する工事未払金をシロミ物産が支払ってくれることになるので、クロキチ資材に対する**工事未払金（負債）が減ります**。

（工 事 未 払 金）	100	（　　　　　）	

クロキチ資材に対する
工事未払金の減少⬇

また、シロミ物産に対する完成工事未収入金で支払ってもらうと考えるので、シロミ物産に対する**完成工事未収入金（資産）が減ります**。

CASE30の仕訳

（工 事 未 払 金）	100	（完成工事未収入金）	100

シロミ物産に対する
完成工事未収入金の減少⬇

振り出した為替手形が決済されたときの仕訳

為替手形の支払期日に手形代金が決済されますが、為替手形を振り出した人（ゴエモン建設）には、受取手形（資産）も支払手形（負債）もありません。

したがって、為替手形が決済されたとしても、為替手形を振り出した人はなんの仕訳もしません。

受取手形も支払手形もないので、為替手形が決済されてもなにも処理するものがないのです。

仕 訳 な し

問題編
問題23

CASE 31 為替手形

為替手形を受け取ったときの仕訳

CASE30の為替手形の取引を、クロキチ資材の立場からみてみましょう。クロキチ資材は、ゴエモン建設に対する完成工事未収入金100円の回収として、ゴエモン建設が振り出した為替手形を受け取りました。

取引 クロキチ資材は、ゴエモン建設に対する完成工事未収入金100円を、ゴエモン建設振出、シロミ物産を名宛人とする為替手形（シロミ物産の引き受けあり）で受け取った。

ここまででの知識で仕訳をうめると…

（　　　　　）		（完成工事未収入金）	100

完成工事未収入金の決済⬇

クロキチ資材もシロミ物産も建設業会計を採用しています。

為替手形を受け取ったときの仕訳

為替手形を受け取った人は、あとで代金を受け取ることができます。この為替手形の代金を受け取ることができる権利は、**受取手形（資産）**として処理します。

約束手形でも為替手形でも、（他店が振り出した）手形を受け取ったら受取手形（資産）で処理します。

CASE31の仕訳

（受取手形）	100	（完成工事未収入金）	100

資産の増加⬆

受け取った為替手形が決済されたときの仕訳

なお、受け取った為替手形が決済されたときは、**受取手形（資産）の減少**として処理します。

問題編
問題24

CASE 32

為替手形

為替手形を引き受けたときの仕訳

ゴエモン建設
お金はシロミ物産が払うから…。
為替手形
クロキチ資材
わかった。
この立場の処理
シロミ物産
引き受け
工事未払金
代わりに代金を払ってくれない?
いいですよぉ。工事未払金は減額してね。

CASE30の為替手形の取引を、シロミ物産の立場からみてみましょう。
シロミ物産は、ゴエモン建設から「工事未払金を減額する代わりにクロキチ資材に代金を支払ってほしい」という為替手形の引き受けをお願いされたので、これを引き受けました。

取引 シロミ物産は、ゴエモン建設に対する工事未払金100円について、ゴエモン建設振出、シロミ物産を名宛人、クロキチ資材を指図人とする為替手形の引き受けを求められたので、これを引き受けた。

用語 **名宛人**(為替手形の場合)…手形代金を支払う人
指図人…手形代金を受け取る人

為替手形を引き受けたときの仕訳

為替手形を引き受けた人は、あとで代金を支払う義務が生じます。この為替手形の代金の支払義務は、**支払手形(負債)**として処理します。

( )	(支 払 手 形) 100

負債の増加⬆

「為替手形を引き受ける」とは、「為替手形の代金の支払義務を引き受ける」ことです。

また、為替手形を引き受ける代わりに工事未払金を減らしてもらうので、**工事未払金(負債)が減ります。**

CASE32の仕訳

(工事未払金)	100	(支払手形)	100

負債の減少↓

引き受けた為替手形を決済したときの仕訳

なお、引き受けていた為替手形が決済されたときは、**支払手形（負債）の減少**として処理します。

為替手形を取りまく登場人物の呼び名

為替手形の取引において、為替手形を振り出した人（ゴエモン建設）を**振出人**（ふりだしにん）、為替手形を受け取った人（あとで代金を受け取ることができる人：クロキチ資材）を**指図人**（さしずにん）、為替手形を引き受けた人（あとで代金を支払わなければならない人：シロミ物産）を**名宛人**（なあてにん）といいます。

約束手形では「あとで代金を受け取ることができる人」を名宛人といいましたが、為替手形では「あとで代金を支払う人」を名宛人といいます。

これらの呼び名は問題文中にも出てきますが、問題を解く際には、文末のことばで次ページ（表）のように判断できるので、無理して覚える必要はありません。

とても重要

為替手形の処理

文末の言葉	処理
(為替手形を) …**振り出した**	振出人の処理
(為替手形を) …**受け取った**	手形代金を受け取る権利が発生 ⇒「**受取手形**」で処理(指図人の処理)
(為替手形を) …**引き受けた**	手形代金の支払義務が発生 ⇒「**支払手形**」で処理(名宛人の処理)

為替手形では、「シロミ物産を名宛人とする」や「シロミ物産宛て」など、「宛」がつく人に手形代金の支払義務があります。

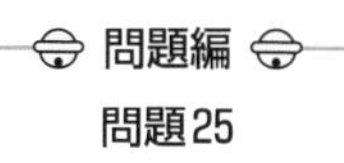

CASE 33 手形の裏書き

約束手形を裏書きして渡したときの仕訳

クロキチ資材から材料を仕入れたとき、前にシロミ物産から受け取っていた約束手形がちょうど目に入りました。
「仕入代金の支払いにこれが使えないかな？」と思って調べたら、裏書きというワザを使えば、それができることがわかりました。

取引 7月2日　ゴエモン建設は、クロキチ資材から材料100円を仕入れ、代金は先にシロミ物産から受け取っていた約束手形を裏書譲渡した。

用語 **裏書譲渡**…持っている手形の裏側に記名等をして、ほかの人に渡すこと

ここまでの知識で仕訳をうめると…

（材　　　　料）　100（　　　　　　　）

材料を仕入れた

手形の裏側に書いて渡すから裏書譲渡！

約束手形や為替手形を持っている人は、その手形をほかの人に渡すことによって、仕入代金や工事未払金を支払うことができます。

> 手形の支払期日前に渡さなければなりません。

持っている手形をほかの人に渡すときに、手形の裏面に名前や日付を記入するため、これを手形の**裏書譲渡**（うらがきじょうと）といいます。

> 単に「裏書き」ということもあります。

約束手形を裏書きして渡したときの仕訳

ゴエモン建設は、先にシロミ物産から受け取っていた約束手形をクロキチ資材に渡すため、**受取手形（資産）の減少**として処理します。

為替手形を裏書きして渡したときも処理は同じです。

CASE33の仕訳

（材　　　　料）	100	（受　取　手　形）	100
		資産の減少⬇	

裏書きした約束手形を受け取ったときの仕訳

なお、裏書きした約束手形を受け取った側（クロキチ資材）は、**受取手形（資産）の増加**として処理します。

手形を受け取ったら「受取手形」！

したがって、CASE33をクロキチ資材の立場から仕訳すると次のようになります。

クロキチ資材の立場からは「クロキチ資材は、ゴエモン建設に材料100円を売り上げ、代金はシロミ物産振出の約束手形を裏書譲渡された」となります。

（受　取　手　形）	100	（売　上　な　ど）	100
資産の増加⬆			

問題編
問題26

CASE 34

手形の割引き

約束手形を割り引いたときの仕訳

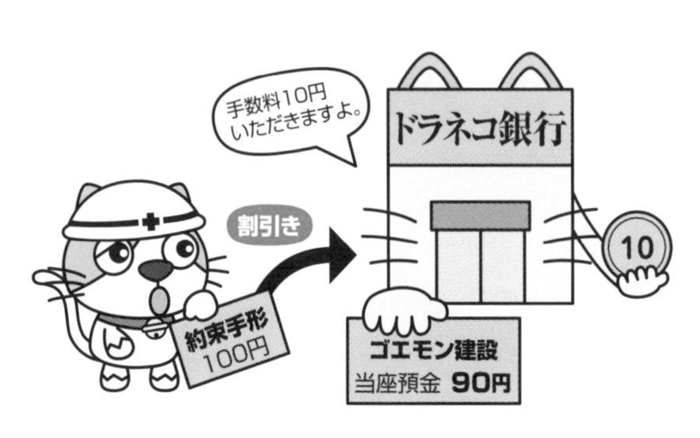

「支払期日が3カ月後の約束手形の代金を、いま受け取るなんてこと、できないよな～」と思って調べてみたら、なんと、銀行に持っていって割り引けば、すぐに現金を受け取ることができるとのこと…。さっそく約束手形を割り引くことにしました。

取引 7月20日　ゴエモン建設は先にシロミ物産から受け取っていた受取手形100円を割り引き、割引料10円を差し引いた残額を当座預金に預け入れた。

割引き…持っている手形を支払期日前に銀行に持ち込んで、現金に換えてもらうこと

ここまででの知識で仕訳をうめると…

（当　座　預　金）	（　　　　　）

当座預金 に預け入れた

割引きは手形を銀行に買ってもらったのと同じ！

約束手形や為替手形を持っている人は、支払期日前にその手形を銀行に買い取ってもらうことができます。これを**手形の割引き**（わりびき）といいます。

なお、手形を割り引くことによって、手形の支払期日よりも前に現金などを受け取ることができますが、利息や手数料がかかるため、受け取る金額は手形に記載された金額よりも少なくなります。

割引きにかかる費用なので、割引料といいます。

約束手形を割り引いたときの仕訳

ゴエモン建設は、先に受け取っていた約束手形を銀行で割り引く（銀行に売る）ため、**受取手形（資産）の減少**として処理します。

(当座預金)		(受取手形)	100

資産の減少⬇

為替手形を割り引いたときも処理は同じです。

また、手形を割り引く際にかかった手数料は、**手形売却損**（てがたばいきゃくそん）という費用の勘定科目で処理します。

(当座預金)		(受取手形)	100
(手形売却損)	10		

費用の発生⬆

「～損」は費用の勘定科目です。

費用	収益
利益	

なお、受け取る金額は約束手形の金額から手数料を差し引いた90円（100円－10円）となります。

CASE34の仕訳

(当座預金)	90	(受取手形)	100
(手形売却損)	10		

100円の約束手形を90円で銀行に売った（割り引いた）ということになるので、10円だけ損をしたことになります。ですから、差し引かれた手数料（割引料）10円は「手形売却損」で処理するのです。

問題編
問題27

CASE 35 帳　簿

受取手形記入帳と支払手形記入帳への記入

受取手形
記入帳
支払手形
記入帳

ゴエモン建設では、手形による取引もあるので、受取手形記入帳と支払手形記入帳にも記入することにしました。

受取手形記入帳

受取手形記入帳は、受取手形の明細を記録する帳簿です。なお、以下のような取引があった場合の受取手形記入帳の形式と記入例を示すと、次のようになります。

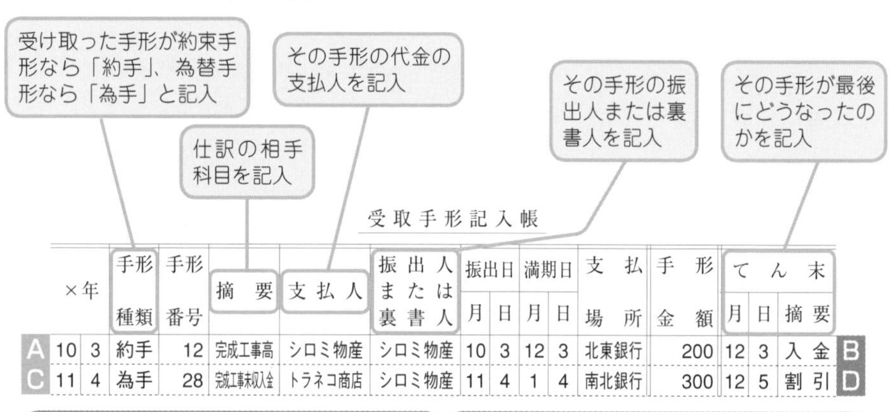

受け取った手形が約束手形なら「約手」、為替手形なら「為手」と記入
仕訳の相手科目を記入
その手形の代金の支払人を記入
その手形の振出人または裏書人を記入
その手形が最後にどうなったのかを記入

受取手形記入帳

	×年		手形種類	手形番号	摘要	支払人	振出人または裏書人	振出日		満期日		支払場所	手形金額	てん末			
								月	日	月	日			月	日	摘要	
A	10	3	約手	12	完成工事高	シロミ物産	シロミ物産	10	3	12	3	北東銀行	200	12	3	入金	B
C	11	4	為手	28	完成工事未収入金	トラネコ商店	シロミ物産	11	4	1	4	南北銀行	300	12	5	割引	D

10月3日の取引：A

シロミ物産に請負った工事200円を引き渡し、代金は同物産振出の約束手形（No.12、満期日12月3日、支払場所：北東銀行）で受け取った。

（受取手形）200　（完成工事高）200
相手科目

12月3日の取引：B

No.12の約束手形200円が決済され、当座預金口座に入金された。

（当座預金）200　（受取手形*）200

＊減少取引はてん末欄に記入

11月4日の取引：C
シロミ物産の完成工事未収入金300円について、同物産振出、トラネコ商店宛ての為替手形（No.28、満期日1月4日、支払場所：南北銀行）を受け取った。
（受取手形）300　（完成工事未収入金）300
相手科目

12月5日の取引：D
No.28の為替手形300円を銀行で割り引き、割引料10円を差し引いた残額を当座預金とした。
（当座預金）290　（受取手形*）300
（手形売却損）10
＊減少取引はてん末欄に記入

支払手形記入帳

支払手形記入帳は、支払手形の明細を記録する帳簿です。なお、以下のような取引があった場合の支払手形記入帳の形式と記入例を示すと、次のようになります。

その手形の代金の受取人を記入

その手形の振出人を記入

その手形が最後にどうなったのかを記入

支払手形記入帳

	×年		手形種類	手形番号	摘要	受取人	振出人	振出日		満期日		支払場所	手形金額	てん末			
								月	日	月	日			月	日	摘要	
A	10	9	約手	31	材料	クロキチ資材	当店	10	9	12	9	東西銀行	400	12	9	支払	B
C	10	20	為手	40	工事未払金	チビ商店	クロキチ資材	10	20	1	20	南西銀行	500				

10月9日の取引：A
クロキチ資材から材料400円を仕入れ、代金は約束手形（No.31、満期日12月9日、支払場所：東西銀行）を振り出して渡した。
（材料）400　（支払手形）400
相手科目

12月9日の取引：B
No.31の約束手形400円が決済され、当座預金口座から支払われた。
（支払手形*）400　（当座預金）400
＊減少取引はてん末欄に記入

10月20日の取引：C
かねて工事未払金のあるクロキチ資材から同店振出、チビ商店受取の為替手形（No.40、満期日1月20日、支払場所：南西銀行）500円の引き受けを求められたので、これを引き受けた。
（工事未払金）500　（支払手形）500
相手科目

問題編
問題28、29

CASE 36

手形貸付金と手形借入金

お金を貸し付け、手形を受け取ったときの仕訳

ゴエモン建設は、クロキチ資材に現金を貸しました。
そしてこのとき、借用証書ではなく、約束手形を受け取りました。

取引 ゴエモン建設は、クロキチ資材に現金100円を貸し付け、約束手形を受け取った。

ここまでの知識で仕訳をうめると…

( )		(現 金)	100

現金を貸し付けた⬇

お金を貸し付け、手形を受け取ったときの仕訳

お金を貸し付けたときは、通常は借用証書を受け取りますが、借用証書の代わりに約束手形を受け取ることもあります。この場合は、通常の貸付金と区別するために**手形貸付金**(てがたかしつけきん)**(資産)**として処理します。

手形による貸付金だから「手形貸付金」。そのまんまですね。なお、貸付金の処理についてはCASE38で解説しています。

CASE36の仕訳

(手形貸付金)	100	(現 金)	100

資産の増加⬆

問題編
問題30

CASE 37

手形貸付金と手形借入金

お金を借り入れ、手形を渡したときの仕訳

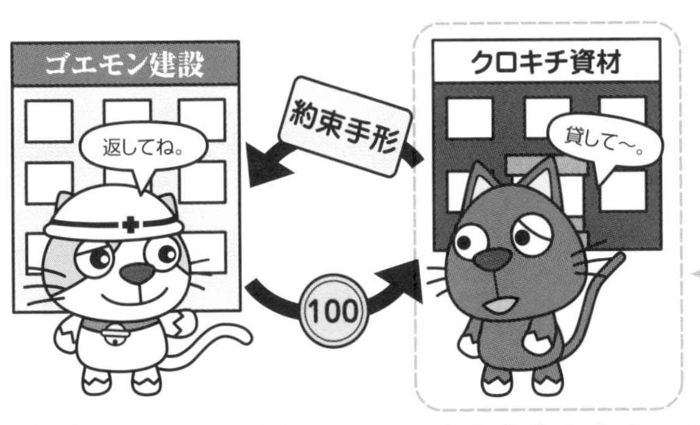

CASE36（手形貸付金）の取引を、クロキチ資材の立場からみてみましょう。

こちら側の処理

取引 クロキチ資材は、ゴエモン建設から現金100円を借り入れ、約束手形を渡した。

ここまでの知識で仕訳をうめると…

（現　　　金）	100	（　　　　　）	

現金を借り入れた⬆

お金を借り入れ、手形を渡したときの仕訳

お金を借り入れて、借用証書の代わりに手形を渡したときは、通常の借用証書による借入金と区別するために**手形借入金**（てがたかりいれきん）**（負債）**として処理します。

手形による借入金だから「手形借入金」ですね。
なお、借入金の処理についてはCASE40で解説しています。

CASE37の仕訳

（現　　　金）	100	（手 形 借 入 金）	100

負債の増加⬆

問題編
問題31

第6章

その他の債権・債務

建設業で学習する債権・債務のうち、
完成工事未収入金・工事未払金、未成工事受入金、
受取手形・支払手形、手形貸付金・手形借入金についてはわかったけど…。

ここでは、それ以外の債権・債務の処理についてみていきましょう。

CASE 38 お金を貸し付けたときの仕訳

ゴエモン建設はクロキチ資材から「お金を貸してほしい」と頼まれたので、借用証書を書いてもらい、現金100円を貸しました。

取引 ゴエモン建設は、クロキチ資材に現金100円を貸し付けた。

用語 **貸付け**…お金を貸すこと

お金を貸し付けたときの仕訳

CASE38では、ゴエモン建設はクロキチ資材に現金100円を渡しているので、**現金（資産）が減っています。**

（　　　　）		（現　　金）	100

資産の減少⬇

また、貸し付けたお金はあとで返してもらうことができます。この、あとでお金を返してもらえる権利は、**貸付金**（かしつけきん）**（資産）**として処理します。

貸付金は資産なので、増えたら借方！

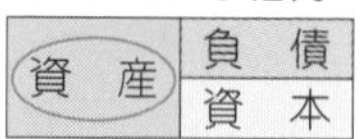

CASE38の仕訳

（貸　付　金）	100	（現　　金）	100

資産の増加⬆

CASE 39 貸付金と借入金

貸付金を返してもらったときの仕訳

ゴエモン建設はクロキチ資材から貸付金100円を返してもらい、貸付けにかかる利息10円とともに現金で受け取りました。

取引 ゴエモン建設は、クロキチ資材から貸付金100円の返済を受け、利息10円とともに現金で受け取った。

ここまでの知識で仕訳をうめると…

(現　　　金)	(　　　　)

貸付金を返してもらったときの仕訳

貸付金を返してもらったときは、あとでお金を返してもらえる権利がなくなるので、**貸付金（資産）の減少**として処理します。

また、貸付金にかかる利息は、**受取利息**（うけとりりそく）**（収益）**として処理します。

「受取～」は収益の勘定科目！

費　用	収　益
利　益	

CASE39の仕訳

(現　　　金)	110	(貸　付　金)	100
		(受 取 利 息)	10

貸付金と利息の合計

収益の発生↑

CASE 40 貸付金と借入金

お金を借り入れたときの仕訳

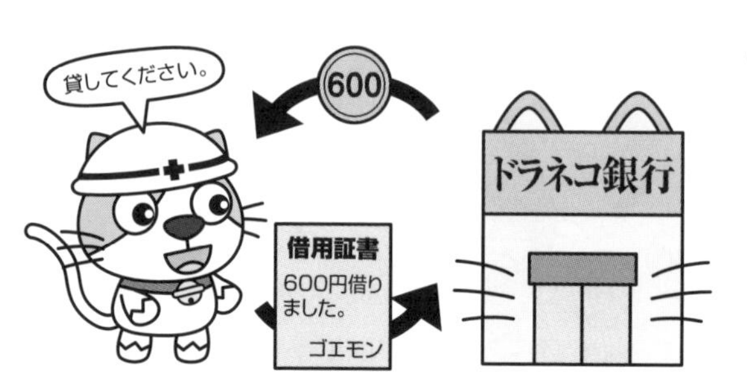
貸してください。
600
ドラネコ銀行
借用証書
600円借りました。
ゴエモン

ゴエモン建設はお店を大きくするため、資金が必要になりました。
そこで、取引銀行からお金を借りてくることにしました。

取引 ゴエモン建設は、取引銀行から現金600円を借り入れた。

用語 **借入れ**…お金を借りてくること

ここまでの知識で仕訳をうめると…

（現　　金）　600（　　　　）

現金を借り入れた↑

お金を借り入れたときの仕訳

銀行などから借りたお金はあとで返さなければなりません。このあとでお金を返さなければならない義務は、**借入金**（かりいれきん）**（負債）**として処理します。

借入金は負債なので、増えたら貸方！

資　産	負　債
	資　本

CASE40の仕訳

（現　　金）　600（借　入　金）　600

負債の増加↑

CASE 41 貸付金と借入金

借入金を返したときの仕訳

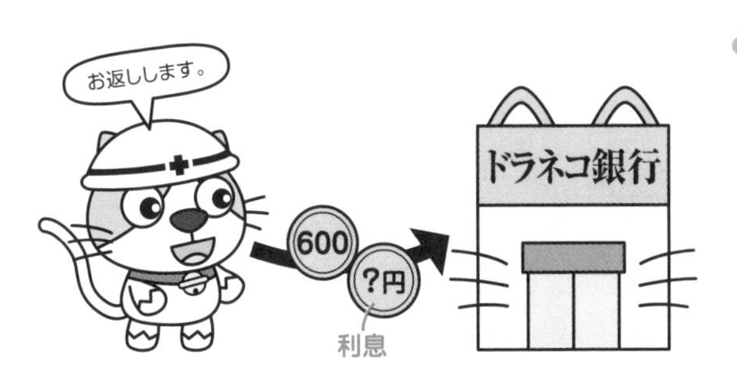

銀行からお金を借りて10カ月後、当初の約束どおりゴエモン建設は取引銀行からの借入金を返済しました。
また、借り入れていた10カ月分の利息もあわせて支払いました。

取引 ゴエモン建設は、取引銀行に借入金600円を返済し、利息とともに現金で支払った。なお、利息の年利率は2%で借入期間は10カ月である。

借入金を返したときの仕訳

借入金を返したときは、あとでお金を返さなければならない義務がなくなるので、**借入金（負債）の減少**として処理します。

また、借入金にかかる利息は、次の計算式によって**月割りで計算**し、**支払利息**（しはらいりそく）**(費用)**として処理します。

「支払〜」は費用の勘定科目！

費　用	収　益
利　益	

$$利息＝借入（貸付）金額×年利率×\frac{借入（貸付）期間}{12カ月}$$

貸付金の受取利息を計算するときもこの式で計算します。

CASE41の支払利息

・$600円 \times 2\% \times \frac{10カ月}{12カ月} = 10円$

CASE41の仕訳

借入金と利息の合計

（借　入　金）	600	（現　　金）	610
（支 払 利 息）	10		

費用の発生↑

問題編
問題32、33

CASE 42

末払金と未収入金

工事に係るもの以外を後払いで買ったときの仕訳

ゴエモン建設
機械
シロミ物産
りょーかい！
代金は月末に支払うよ。

ゴエモン建設は、シロミ物産から機械を買い、代金は月末に支払うことにしました。
「代金後払いということは工事未払金？」と思い、仕訳をしようとしましたが、どうやら「工事未払金」で処理するのではないようです。

取引 ゴエモン建設は、シロミ物産から機械を100円で購入し、代金は月末に支払うこととした。

工事に係るもの以外を後払いで買ったときの仕訳

CASE42では機械（資産）を買っているので、**機械装置（資産）**が増えます。

（機　械　装　置）	100	（　　　　　）	

資産の増加↑

また、機械や土地、有価証券など工事に係るもの以外を代金後払いで買ったときの、あとで代金を支払わなければならない義務は**未払金**（みばらいきん）**（負債）**で処理します。

未払金は負債なので、増えたら貸方！

資　産	負　債
	資　本

CASE42の仕訳

（機　械　装　置）	100	（未　　払　　金）	100

負債の増加↑

つまり、工事に係るものを買ったときの未払額は**工事未払金**で、工事に係るもの以外を買った（購入した）ときの未払額は**未払金**で処理するのです。

まちがえやすいので要注意！
有価証券も工事に係るもの以外なので、有価証券を買って代金を後払いとしたときは未払金で処理します。

とても重要

工事未払金と未払金の違い

何を買った？	勘定科目
工事に係るもの	工事未払金(負債)
工事に係るもの以外 (機械や有価証券など)	未払金(負債)

未払金を支払ったときの仕訳

なお、後日未払金を支払ったときは、**未払金（負債）の減少**として処理します。

したがって、仮に、CASE42の未払金を現金で支払ったとした場合の仕訳は次のようになります。

ゴエモン建設
シロミ物産
ど～も～。
100
これ、機械の代金ね。

(未　払　金)	100	(現　　　金)	100

負債の減少⬇

問題編
問題34

CASE 43 末払金と未収入金

工事に係るもの以外を売って代金はあとで受け取るときの仕訳

ゴエモン建設
機械
シロミ物産
りょーかい！
代金は月末に支払うよ。
こちら側の処理

CASE42の取引（機械の売買）をシロミ物産の立場からみてみましょう。シロミ物産はゴエモン建設に対して機械を100円で売り、代金は月末に受け取ることにしました。

取引 シロミ物産は、ゴエモン建設に機械100円を100円で売却し、代金は月末に受け取ることとした。

工事に係るもの以外を売ったときの仕訳

CASE43では、機械を売っているので、**機械装置（資産）**が減ります。

（　　　　）		（機械装置）	100

資産の減少⬇

「未払金の逆だから、未収入金かな？」って想像できましたか？

資産	負債
	資本

また、機械や土地、有価証券など、工事に係るもの以外のものを売って、あとで代金を受け取るときの、あとで代金を受け取ることができる権利は**未収入金**（みしゅうにゅうきん）**（資産）**で処理します。

シロミ物産も建設業会計を採用しています。

CASE43の仕訳

（未収入金）	100	（機械装置）	100

資産の増加⬆

つまり、工事に係るものを売った（売り上げた）ときの未収額は**完成工事未収入金**で、工事に係るもの以外を売った（売却した）ときの未収額は**未収入金**で処理するのです。

とても重要

完成工事未収入金と未収入金の違い

何を売った？	勘定科目
工事に係るもの	完成工事未収入金（資産）
工事に係るもの以外 （機械や有価証券など）	未収入金（資産）

未収入金を回収したときの仕訳

なお、後日、未収入金を回収したときは、**未収入金（資産）の減少**として処理します。

したがって、CASE43の未収入金を現金で回収した場合の仕訳は、次のようになります。

ゴエモン建設
シロミ物産
ど〜も〜。
100
これ、機械の代金ね。

こちら側の処理

（現　　金）	100	（未 収 入 金）	100

資産の減少

問題編
問題35

CASE 44

立替金

従業員が支払うべき金額をお店が立て替えたときの仕訳

ゴエモン建設は、本来従業員のミケ君が支払うべき個人の生命保険料を、現金で立て替えてあげました。

取引 ゴエモン建設は、従業員が負担すべき生命保険料40円を現金で立て替えた。

ここまでの知識で仕訳をうめると…

( )		(現 金)	40

現金で立て替えた
お店の現金の減少⬇

従業員が支払うべき金額をお店が立て替えたときの仕訳

本来従業員が支払うべき金額をお店が立て替えたときは、あとで従業員からその金額を返してもらう権利が生じます。したがって、**立替金（資産）**として処理します。

従業員に対する立替金は、「従業員立替金」という勘定科目で処理することもあります。

CASE44の仕訳

(立 替 金)	40	(現 金)	40

資産の増加⬆

CASE 45 立替金

従業員に給料を支払ったときの仕訳①

ゴエモン建設
今月もごくろうさま。立て替えた分は、差し引いたから。
給料
40

今日は給料日。
従業員のミケ君に支払うべき給料は500円ですが、先にミケ君のために立て替えた金額が40円あるので、それを差し引いた残額を現金で支払いました。

取引 従業員に支払う給料500円のうち、先に立て替えた40円を差し引いた残額を現金で支払った。

従業員に給料を支払ったときの仕訳

従業員に給料を支払ったときは、**給料（費用）**として処理します。

（給　　　料）	500	（　　　　）	

費用の発生⬆

> 従業員が働いてくれるおかげでお店の売上げが上がるので、給料は収益を上げるために必要な支出＝費用ですね。
>
> | 費用 | 収益 |
> |---|---|
> | 利益 | |

また、CASE45では従業員に対する立替金分を差し引いているため、**立替金（資産）を減らし**、残額460円（500円－40円）を**現金（資産）の減少**として処理します。

CASE45の仕訳

資産の減少⬇

（給　　　料）	500	（立　替　金）	40
		（現　　　金）	460

CASE 46 預り金

従業員に給料を支払ったときの仕訳②

従業員が受け取る給料のうち、一部は所得税として国に納めなければなりません。ゴエモン建設では、従業員が納めるべき所得税を給料の支払時にお店で預かり、あとで従業員に代わって国に納めることにしています。

取引 給料500円のうち、源泉徴収税額50円を差し引いた残額を従業員に現金で支払った。

用語 **源泉徴収税額**…給料から天引きされた所得税額

ここまでの知識で仕訳をうめると…

（給　　料）	500	（現　　金）	

給料の支払い　　現金で支払った

従業員に給料を支払ったときの仕訳

給料の支払時に給料から天引きした源泉徴収税額は、あとで従業員に代わってお店が国に納めなければなりません。つまり、源泉徴収税額は一時的に従業員から預かっているお金なので、**預り金（負債）**として処理します。

預り金は、預かったお金をあとで返さなければならない（国に納めなければならない）義務なので、負債です。

資　産	負　債
	資　本

CASE46の仕訳　　負債の増加

（給　　料）	500	（預　り　金）	50
		（現　　金）	450

貸借差額

CASE 47　預り金

預り金を支払ったときの仕訳

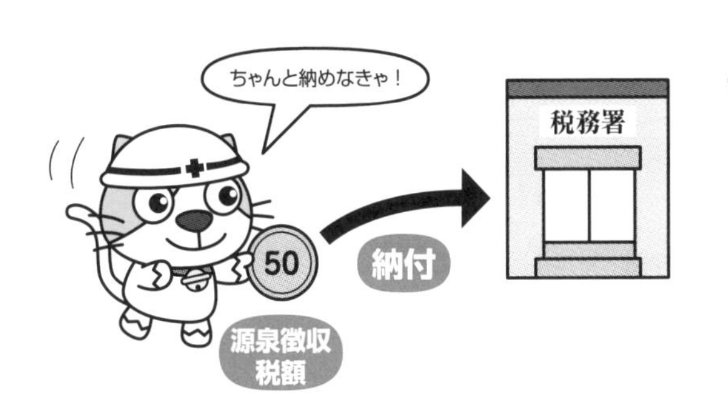

ゴエモン建設は、従業員から預かっていた所得税（源泉徴収税額）50円を、今日、現金で納付しました。

取引　預り金として処理していた源泉徴収税額50円を、税務署に現金で納付した。

ここまでの知識で仕訳をうめると…

（　　　　）		（現　　金）	50

現金で納付した↓

預り金を支払ったときの仕訳

預かっていた源泉徴収税額を現金で納付したときは、預かったお金をあとで返さなければならない義務がなくなるので、**預り金（負債）の減少**として処理します。

CASE47の仕訳

（預　り　金）	50	（現　　金）	50

負債の減少↓

問題編
問題36～38

CASE 48 仮払金と仮受金

旅費の概算額を前渡ししたときの仕訳

従業員のトラ君が名古屋に出張に行くことになりました。旅費としていくらかかるかわからないので、概算額として100円をトラ君に渡しました。
この場合は、旅費交通費として処理してよいのでしょうか？

取引 従業員の出張のため、旅費交通費の概算額100円を現金で前渡しした。

用語 **旅費交通費**…バス代、タクシー代、電車代、宿泊費など

ここまでの知識で仕訳をうめると…

( )		(現 金)	100

現金 で前渡しした⬇

旅費の概算額を前渡ししたときの仕訳

従業員の出張にかかる電車代やバス代、宿泊費などの概算額を前渡ししたときには、**仮払金**（かりばらいきん）という**資産**の勘定科目で処理しておきます。

支払いの内容と金額が確定するまでは、旅費交通費などの勘定科目で処理してはいけません。

CASE48の仕訳

(仮 払 金)	100	(現 金)	100

資産 の増加⬆

仮払金は資産なので、増えたら借方！

資 産	負 債
	資 本

CASE 49 仮払金と仮受金

仮払金の内容と金額が確定したときの仕訳

名古屋に出張に行っていたトラ君が帰ってきました。
名古屋までの電車代や宿泊費の合計（旅費交通費）は80円だったという報告があり、20円については現金で戻されました。

取引 従業員が出張から戻り、概算払額100円のうち、旅費交通費として80円を支払ったと報告を受け、残金20円は現金で受け取った。

ここまでの知識で仕訳をうめると…

（現　　　　金）	20	（　　　　　）	

残金は現金で受け取った

仮払金の内容と金額が確定したときの仕訳

仮払いとして前渡ししていた金額について、支払いの内容と金額が確定したときは、**仮払金（資産）を該当する勘定科目に振り替えます**。

「振り替える」とは、計上している仮払金を減らして、該当する勘定科目で処理することをいいます。

CASE49では、旅費交通費として80円を使い、残金20円を現金で受け取っているため、**仮払金（資産）100円**を**旅費交通費（費用）80円**と**現金20円**に振り替えます。

CASE49の仕訳

（旅費交通費）	80	（仮　払　金）	100
（現　　　　金）	20		

CASE 50 仮払金と仮受金

内容不明の入金があったときの仕訳

名古屋に出張中のトラ君から当座預金口座に入金がありましたが、なんのお金なのかはトラ君が戻ってこないとわかりません。
この場合の処理はどうしたらよいのでしょう?

取引 出張中の従業員から当座預金口座に100円の入金があったが、その内容は不明である。

ここまでの知識で仕訳をうめると…

(当座預金)	100	( )	

当座預金口座に入金があった↑

入金自体は当座預金の増加として処理します。

内容不明の入金があったときの仕訳

内容不明の入金があったときは、その内容が明らかになるまで**仮受金**(かりうけきん)という**負債**の勘定科目で処理しておきます。

仮受金は負債なので、増えたら貸方!

資産	負債
	資本

CASE50の仕訳

(当座預金)	100	(仮受金)	100

負債の増加↑

CASE 51

仮払金と仮受金

仮受金の内容が明らかになったときの仕訳

名古屋に出張に行っていたトラ君が帰ってきたので、先の入金100円の内容を聞いたところ、「名古屋の得意先の完成工事未収入金を回収した金額」ということがわかりました。

取引 従業員が出張から戻り、先の当座預金口座への入金100円は、得意先から完成工事未収入金を回収した金額であることが判明した。

ここまでの知識で仕訳をうめると…

（　　　　　）　　（完成工事未収入金）　100

完成工事未収入金  の回収⬇

仮受金の内容が明らかになったときの仕訳

仮受金の内容が明らかになったときは、**仮受金（負債）を該当する勘定科目に振り替えます。**

CASE51では、仮受金の内容が完成工事未収入金の回収と判明したので、**仮受金（負債）を完成工事未収入金（資産）に振り替えます。**

CASE51の仕訳

（仮　受　金）　100（完成工事未収入金）　100

負債の減少⬇

問題編
問題39、40

第7章

有価証券

余っている資金を預金としておくなら、株式や社債を購入して、
上手に運用すれば資金を増やすこともできるなぁ…。

ここでは有価証券の処理についてみていきましょう。

CASE 52

有価証券

有価証券を購入したときの仕訳

ゴエモン建設では、A社株式とB社社債を購入することにしました。これらの有価証券は値上がりしたらすぐに売り、短期的にもうけるつもりで保有しています。

取引 ×1年4月1日　ゴエモン建設はA社株式10株を1株100円で購入し、代金は売買手数料100円とともに現金で支払った。また、B社社債1,000円（額面総額）を、額面100円につき96円で購入し、代金は売買手数料10円とともに現金で支払った。

株式を購入したときの仕訳

有価証券を購入したときは、**有価証券（資産）の増加**として処理し、その取得原価は有価証券本体の価額である購入代価に、売買手数料などの付随費用を足した金額とします。

有価証券(株式)の取得原価 ＝@株価×株式数＋売買手数料

（@株価×株式数：購入代価、売買手数料：付随費用）

CASE52のA社株式の取得原価

・A社株式：@100円×10株＋100円＝1,100円

（有　価　証　券）	1,100	（現　　　　　金）	1,100

公社債を購入したときの仕訳

社債や国債などをまとめて公社債(こうしゃさい)といいます。公社債も有価証券なので、株式と同様に買ったときには、**有価証券（資産）の増加**として処理します。

また、取得原価は1口あたりの単価に購入口数を掛け、それに売買手数料（付随費用）を含めて計算します。

公社債は1口、2口と数えます。

有価証券(公社債)の取得原価	＝@単価×購入口数＋売買手数料
	購入代価　付随費用

なお、購入口数は額面金額（1,000円）を1口あたりの額面（@100円）で割って計算します。

CASE52のB社社債の取得原価

・B社社債：①購入口数：1,000円÷@100円＝10口
　　　　　②取得原価：@96円×10口＋10円＝970円

（有価証券）	970	（現　　金）	970

CASE52の仕訳

（有価証券）	2,070	（現　　金）	2,070

資産の増加↑

CASE 53 有価証券

配当金や利息を受け取ったときの仕訳

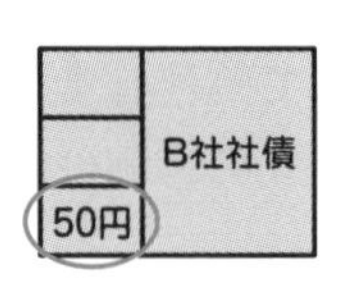

先日購入したA社株式について配当金領収証を受け取りました。
また、今日はB社社債の利払日です。
そこで、配当金と利息について処理しました。

取引 所有しているA社株式について、配当金領収証30円を受け取った。また、所有しているB社社債について社債利札50円の期限が到来した。

配当金や利息を受け取ったときの仕訳

株式会社から送られてくる配当金領収証や、社債についている利札（期限が到来したもの）を銀行などに持っていくと、現金に換えてもらうことができます。

> 配当金領収証や期限到来後の公社債利札は通貨代用証券。だから現金で処理します。

そこで、配当金領収証を受け取ったときや社債の利払日に、**現金（資産）の増加**として処理するとともに、**受取配当金（収益）**や**有価証券利息（収益）**を計上します。

CASE53の仕訳

（現　　　金）	80	（受取配当金）	30
		（有価証券利息）	50

30円＋50円

収益の発生⬆

CASE 54 有価証券

有価証券を売却したときの仕訳

C社株式
@10円
C社株式
@12円
1回目と2回目で単価が違うんだよね。
さて、どうしたものか…。

ゴエモン建設は当期中に2回に分けて購入したC社株式の一部を売却しました。
売却分の帳簿価額を計算したいのですが、1回目に購入したときと2回目に購入したときの単価が違う場合、どのように計算したらよいのでしょう？

取引 当期中に2回にわたって購入したC社株式20株のうち、15株を1株あたり13円で売却し、代金は月末に受け取ることとした。なお、C社株式の購入状況は次のとおりであり、平均原価法によって記帳している。

	1株あたり購入単価	購入株式数
第1回目	@10円	10株
第2回目	@12円	10株

用語 **平均原価法**…複数回に分けて同じ銘柄の株式を購入したときに、取得原価の合計を購入株式数の合計で割った平均単価で、株式の単価を記帳・処理する方法

これまでの知識で仕訳をうめると…

（未　収　入　金）　195

代金は月末に受け取る
→@13円×15株＝195円

公社債の場合も同様です。

複数回にわたって購入した株式を売却したときの仕訳

同じ会社の株式を複数回に分けて購入し、これを売却したときは、株式の平均単価（取得原価の合計額÷取得株式数の合計）を求め、平均単価に売却株式数を掛けて売却株式の帳簿価額を計算します。

$$平均単価 = \frac{1回目の取得原価 + 2回目の取得原価 + \cdots}{1回目の取得株式数 + 2回目の取得株式数 + \cdots}$$

売却株式の帳簿価額 ＝ @平均単価 × 売却株式数

CASE54の売却株式の帳簿価額

$$平均単価：\frac{@10円 \times 10株 + @12円 \times 10株}{10株 + 10株} = @11円$$

売却株式の帳簿価額：@11円×15株＝165円

（未収入金）	195	（有価証券）	165

また、売却価額と帳簿価額との差額（貸借差額）は、**有価証券売却益（収益）**または**有価証券売却損（費用）**で処理します。

CASE54の仕訳

（未収入金）	195	（有価証券）	165
		（有価証券売却益）	30

貸借差額が貸方に生じるので有価証券売却益（収益）です。

貸借差額

上記のように、平均単価で株式や公社債の帳簿価額を計算する方法を**平均原価法**（へいきんげんかほう）といいます。

CASE 55 有価証券

有価証券の決算時の仕訳

55円 ⟶ 50円・・・。
損したニャ・・・。
12/31
帳簿

今日は決算日。こぶた商事株式会社の株式（取得原価55円）は、まだ売らずに持っています。
決算日のこぶた商事株式会社の時価は50円なのに、55円のまま帳簿に計上していてよいのでしょうか？

取引 12月31日　決算において、ゴエモン建設が所有するこぶた商事株式会社の株式（帳簿価額55円）を時価50円に評価替えする。

用語 **時　　価**…そのとき（ここでは決算日）の価値
評価替え…有価証券の帳簿価額を時価に替えること

決算日における処理（評価損の場合）

有価証券の帳簿価額は、決算において時価に修正します。これを**有価証券の評価替え**（ひょうかが）といいます。

CASE55では、有価証券の帳簿価額は55円ですが、時価は50円です。

つまり、有価証券の価値が5円（55円－50円）下がっていることになるので、**有価証券（資産）**を5円だけ減らします。

（　　　　　　）		（有　価　証　券）	5

資産の減少⬇

時価が上がっていたら評価益（収益）、下がっていたら評価損（費用）です。

費　用	収　益
利　益	

3級では、有価証券評価損のみ学習します。

時価と帳簿価額との差額は、**有価証券評価益（収益）**または**有価証券評価損（費用）**で処理します。

CASE55では、帳簿価額（55円）よりも時価（50円）が低いので、価値が下がっている状態です。したがって、時価と帳簿価額との差額5円は**有価証券評価損（費用）**で処理します。

CASE55の仕訳

（有価証券評価損）	5	（有　価　証　券）	5

費用の発生⬆

有価証券の価値を減らしたときに、借方があくので、費用の勘定科目（有価証券評価損）を記入することがわかります。

問題編

問題41～43

第8章

固定資産

固定資産を買ったのはいいけど、
決算において減価償却をしなければならないらしい…
いったい、どんな処理をするんだろう？

ここでは、固定資産の処理についてみていきましょう。

CASE 56 有形固定資産の取得

有形固定資産を取得したときの仕訳

ゴエモン建設では、備品1,000円を購入し、運送費20円とともに現金で支払いました。この場合、どんな処理をするのでしょう？

取引 売価1,000円の備品を100円の値引きを受けて購入し、代金は運賃20円とともに現金で支払った。

有形固定資産とは？

土地や建物、備品など、企業が長期にわたって自店舗で利用するために保有する資産で、形のあるものを**有形固定資産**といいます。

償却資産と非償却資産

建物や備品等については決算において減価償却を行います。このように、有形固定資産のうち決算において減価償却を行うものを**償却資産**といいます。

一方、土地のように減価償却を行わないものを**非償却資産**といいます。

土地は利用によって価値が減らないので、減価償却をしません。

有形固定資産	償却資産	建物、構築物、備品、機械装置、車両運搬具など
	非償却資産	土地など

有形固定資産の取得原価

有形固定資産を購入したときは、購入代価に引取運賃や購入手数料、設置費用などの付随費用を加算した金額を取得原価として処理します。

なお、購入に際して、値引きや割戻しを受けたときは、これらの金額を購入代価から差し引きます。

取得原価＝(購入代価－値引き・割戻額)＋付随費用

したがって、CASE56の備品購入時の仕訳は次のようになります。

CASE56の仕訳

1,000円－100円＋20円＝920円

(備　　品)	920	(現　　金)	920

問題編
問題44

CASE 57 減価償却

固定資産の減価償却（定額法）の仕訳

今日は決算日。
固定資産をもっていると、決算日に減価償却を行わないといけません。
そこでゴエモン建設は当期首に買った自店舗利用の建物について減価償却を行うことにしました。

取引 ×2年12月31日　決算につき、当期首（×2年1月1日）に購入した自店舗利用の建物（取得原価2,000円）について減価償却を行う。なお、減価償却方法は定額法（耐用年数30年、残存価額は取得原価の10%）、記帳方法は間接法による。

減価償却とは

固定資産は長期的に企業で使われることによって、売上（収益）を生み出すのに貢献しています。また、固定資産を使用するとその価値は年々減っていきます。そこで、固定資産の価値の減少を見積って、毎年、費用として計上していきます。この手続きを**減価償却**（げんかしょうきゃく）といい、減価償却によって費用として計上される金額を**減価償却費**（げんかしょうきゃくひ）といいます。

定額法による減価償却費の計算

減価償却費の計算方法には、いろいろありますが、3級で学習するのは**定額法**という方法です。

定額法は、固定資産の価値の減少分は毎年同額であると仮定して計算する方法で、**取得原価**から**残存価額**を差し引いた金額を**耐用年数**で割って計算します。

取得原価…固定資産の購入にかかった金額。
残存価額…最後まで使ったときに残っている価値。
耐用年数…固定資産の利用可能年数。

$$\text{減価償却費（定額法）}=\frac{\text{取得原価}-\text{残存価額}}{\text{耐用年数}}$$

CASE57の建物の減価償却費

・$\dfrac{2{,}000\text{円}-2{,}000\text{円}\times 10\%}{30\text{年}}=60\text{円}$

（$2{,}000\text{円}\times 10\%$ = 200円）

もし残存価額が0円なら、取得原価（2,000円）を耐用年数（30年）で割るだけですね！

CASE57の仕訳

（減価償却費）	60	（減価償却累計額）	60

間接法では直接固定資産の帳簿価額を減額せず、減価償却累計額で処理します。一方、直接法では「建物」で処理し、直接帳簿価額を修正します。

問題編
問題45

CASE 58 改良と修繕

固定資産を改良、修繕したときの仕訳

雨漏り修理に200円。
カベの防火加工に100円
かかった。

ゴエモン建設は、自店舗利用の資材用倉庫の一部が雨漏りしていたのでこれを直し、また、一部のカベについて防火加工を施しました。そして、雨漏りの修繕費200円とカベの防火加工費100円の合計300円を小切手を振り出して支払いました。

取引 ゴエモン建設は、自店舗建物の改良と修繕を行い、その代金300円を小切手を振り出して支払った。なお、このうち100円は改良とみなされた。

用語 修　繕…壊れたり悪くなったところを繕い直すこと
改　良…固定資産の価値を高めるよう、不備な点を改めること

改良と修繕の違いと処理

自店舗で利用する建物（固定資産）の話です。

非常階段を増設したり、建物の構造を防火・防音加工にするなど、固定資産の**価値を高める**ための支出を**資本的支出**（しほんてきししゅつ）**（改良）**といい、資本的支出は**固定資産の取得原価に加算**します。

また、雨漏りを直したり、汚れを落とすなど単に**現状を維持する**ための支出を**収益的支出**（しゅうえきてきししゅつ）**（修繕）**といい、収益的支出は**修繕費（費用）**で処理します。

CASE58の仕訳

（建　　物）	100	（当座預金）	300
（修 繕 費）	200		

資本的支出（建物）
収益的支出（修繕費）

問題編
問題46

第9章

租税公課と資本金

お店の建物にかかる固定資産税や営業車にかかる自動車税を
支払ったときやお店の元手を増やしたり、元手を使ったときは
どのように処理するのだろう？

ここでは、租税公課と資本金の処理についてみていきましょう。

CASE 59 租税公課

固定資産税などを支払ったときの仕訳

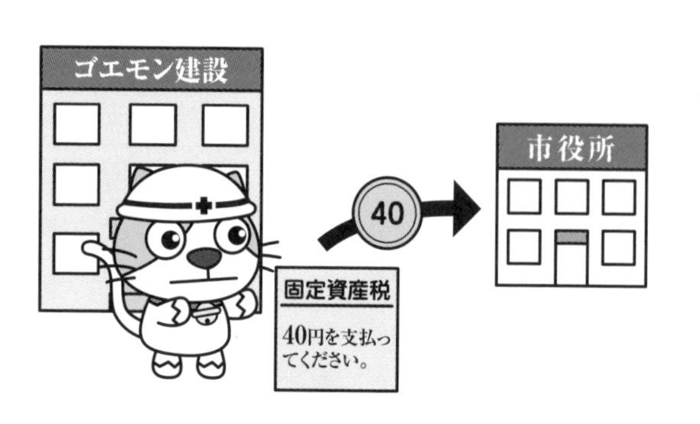

ゴエモン建設は、建物にかかる固定資産税の納税通知書（40円）を受け取ったので、現金で支払いました。

取引 ゴエモン建設は、お店の建物の固定資産税40円を現金で支払った。

用語 **固定資産税**…建物や土地などの固定資産にかかる税金

ここまでの知識で仕訳をうめると…

		（現　　金）	40

現金で支払った⬇

固定資産税などを支払ったときの仕訳

建物や土地などの固定資産を所有していると**固定資産税**がかかりますし、自動車を所有していると**自動車税**がかかります。

固定資産税、自動車税などの税金で、お店にかかるものは費用として計上します。このように、費用として計上する税金を**租税公課**（そぜいこうか）といい、租税公課を支払ったときは**租税公課（費用）**として処理します。

印紙税（一定の文書にかかる税金）も租税公課で処理します。

問題編
問題47

CASE59の仕訳

（租税公課）	40	（現　　金）	40

費用の発生⬆

CASE 60

資本金と事業主貸(借)勘定

資本を元入れしたときの仕訳

《これはゴエモン建設が開業したときのお話です》
いざお店を開業！
店主のゴエモン君は、この日のためにためていた自分の貯金から現金500円を引き出し、お店の元手としました。

取引 現金500円を資本金として元入れした。

用語 **資本金**…出資者（ゴエモン君）がお店に提供した資金
元入れ…その資金を資本金（元手）とすること

資本金として元入れしたときの仕訳

お店を開業するとき、店主が自分のお金（現金や貯金）をお店の活動資金として出資（**資本の元入れ**といいます）した場合は、**資本金（資本（純資産））の増加**として処理します。

資本が増えたら貸方に記入します。

資　産	負　債
	資　本

（　　　　　）　（資　本　金）　500
資本の増加⬆

なお、現金を元入れすることによって、お店の現金が増えるので**借方**には**現金**と記入します。

店主の財布からお店の財布にお金を移すイメージですね。

CASE60の仕訳

（現　　金）　500（資　本　金）　500

CASE 61

資本金と事業主貸(借)勘定

店主がお店の現金を私用で使ったときの仕訳

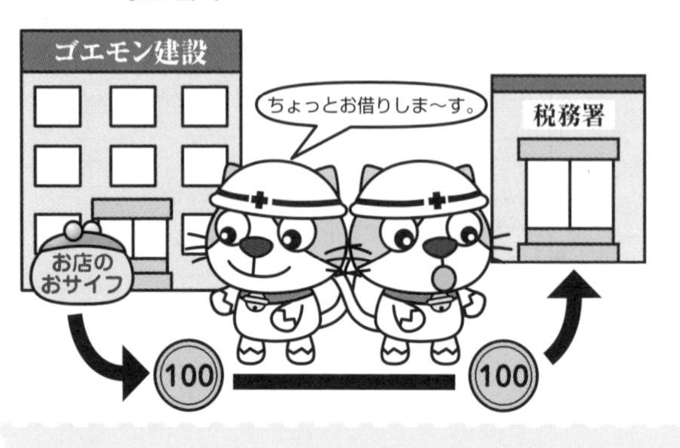

ゴエモン建設の店主であるゴエモン君は、自分の所得税をお店の現金で支払いました。
このように、個人が支払うべき金額をお店の現金で支払ったときは、どのような処理をするのでしょうか？

取引 店主個人の所得税を支払うため、現金100円を引き出した。

ここまでの知識で仕訳をうめると…

( )		(現 金)	100

現金を引き出した⬇

店主がお店の現金を私用で使ったときの仕訳①

個人商店では、店主がお店の出資者なので、店主がお店の現金を私用で使うことは自由にできます。

店主がお店の現金を私用に使うことを**資本の引き出し**といい、資本を引き出したときは、**資本金（資本(純資産)）の減少**として処理します。

試験では、問題文に「店主個人の所得税を支払った」や「店主の住居用建物の固定資産税（または火災保険料）を支払った」とあったら資本の引き出しと考えます。

CASE61の仕訳①

(資 本 金)	100	(現 金)	100

資本の減少⬇

店主がお店の現金を私用で使ったときの仕訳②

頻繁に資本の引き出しが行われるときは、資本金の代わりに**事業主貸勘定**という**資本金のマイナスを表す勘定科目**で処理することがあります。

> 試験では、「資本金」で処理するか「事業主貸勘定」で処理するかは問題文の指示にしたがって(勘定科目一覧を見て判断して)ください。

この方法でCASE61の取引を仕訳すると、次のようになります。

CASE61の仕訳②

(事業主貸勘定)	100	(現　　金)	100

引出前　事業主貸勘定

引出後　事業主貸勘定
引き出し 100円

なお事業主貸勘定は、このあとの決算において、資本金と相殺されます。

> 「資本金に振り替える」といいます。決算日の処理はCASE64で説明します。

CASE 62

資本金と事業主貸(借)勘定

店主が引き出した現金を返したときの仕訳

ゴエモン君は、先に引き出した100円のうち、60円を現金で返しました。

取引 店主がかねて引き出していた現金100円のうち、60円を現金で返した。

ここまでの知識で仕訳をうめると…

（現　　　　金）　60（　　　　　　　）

現金で返した→お店の現金の増加⬆

店主が引き出した現金を返したときの仕訳

店主が引き出した現金を返したときは、引き出したときと逆の仕訳をします。

①引き出したときに資本金の減少として処理している場合

資本を引き出したときに資本金の減少として処理している場合（事業主貸勘定で処理していない場合）は、**資本金（資本（純資産））の増加**として処理します。

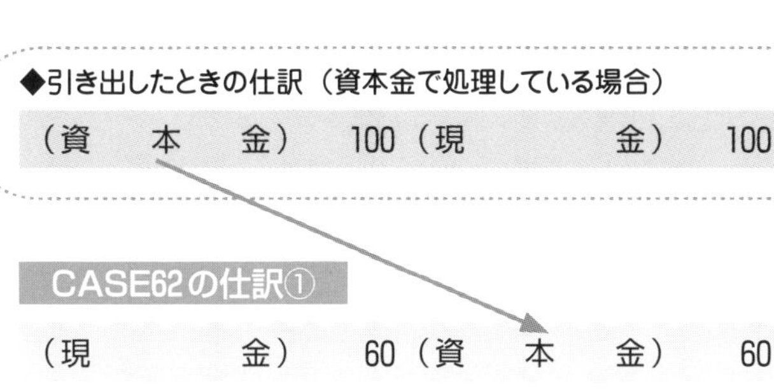

◆引き出したときの仕訳（資本金で処理している場合）

（資　本　金）	100	（現　　　金）	100

CASE62の仕訳①

（現　　　金）	60	（資　本　金）	60

返済前　資　本　金

引き出し 100円	元入れ 500円
返済前残高 400円	

▶

返済後　資　本　金

引き出し 100円	元入れ 500円
返済後残高 460円（400円＋60円）	返　済　60円

②引き出したときに事業主貸勘定で処理している場合

資本を引き出したときに事業主貸勘定で処理している場合は、**事業主貸勘定を取り消す処理**をします。

◆引き出したときの仕訳（事業主貸勘定で処理している場合）

（事業主貸勘定）	100	（現　　　金）	100

CASE62の仕訳②

（現　　　金）	60	（事業主貸勘定）	60

返済前　事業主貸勘定

引き出し 100円	

▶

返済後　事業主貸勘定

引き出し 100円	返済 60円
	返済後残高40円（100円－60円）

CASE 63 資本金と事業主貸(借)勘定

資本の追加出資をしたときの仕訳

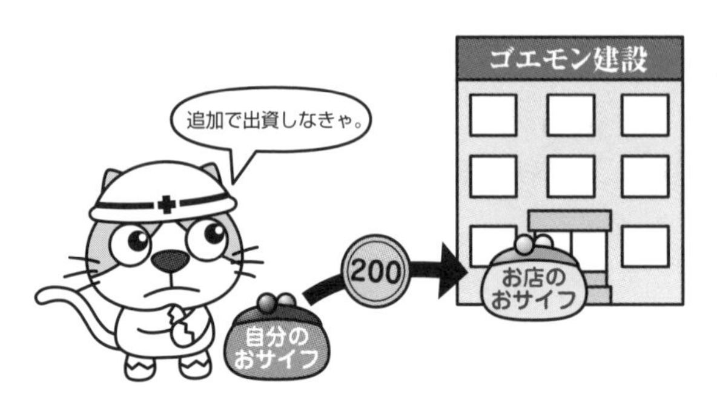

ゴエモン建設を開業したゴエモン君。順調に仕事をこなしていましたが、ある時お店の資金が足りなくなってしまいました。
そこで、ゴエモン君は自分の貯金から追加で出資することにしました。

取引 お店の活動資金が足りなくなったため、現金200円を追加で出資した。

ここまでの知識で仕訳をうめると…

(現　　　金)	200	(　　　　)	

↑現金を出資した↑

資本の追加出資をしたときの仕訳①

お店を開業した後に、お店の活動資金が足りなくなり、店主が自分のお金を出資した場合も開業時と同じように**資本金（資本（純資産））の増加**として処理します。

CASE63の仕訳①

(現　　　金)	200	(資　本　金)	200

資本の追加出資をしたときの仕訳②

頻繁に資本の追加出資が行われるときは、資本金の代わりに**事業主借勘定**という**資本金のプラスを表す勘定科目**で処理することがあります。

この方法でCASE63の取引を仕訳すると、次のようになります。

CASE63の仕訳②

(現　　金)	200	(事業主借勘定)	200

追加出資前

事業主借勘定

▶

追加出資後

事業主借勘定

	追加出資 200円

CASE 64 資本金と事業主貸(借)勘定

事業主貸(借)勘定の決算日の処理

12/31
事業主貸勘定って、
資本金のマイナスだよね。
帳簿

今日は決算日。

ゴエモン建設では、店主が資本を追加出資したときに、事業主借勘定で、資本を引き出したときに、事業主貸勘定で処理していますが、これらの勘定科目は決算日に消さなければなりません。

取引 12月31日　決算日において事業主借勘定の残高200円と事業主貸勘定の残高40円を資本金に振り替える。

資本金で処理している場合は、決算日になんの処理もしません。

事業主借勘定の決算日の処理

資本を追加出資したときに、事業主借勘定で処理している場合は、決算日に**事業主借勘定から資本金に振り替えます**。

したがって、貸方に記入されている事業主借勘定を減らし（**借方**に記入し）、**貸方**に**資本金**と記入します。

（事業主借勘定）	200	（資　本　金）	200

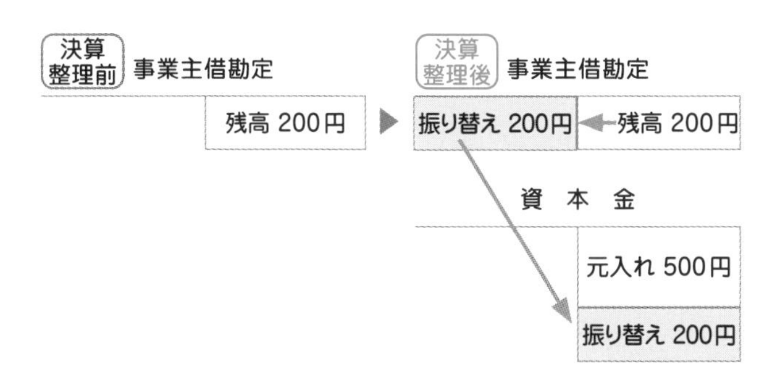

事業主貸勘定の決算日の処理

資本金を引き出したときに、事業主貸勘定で処理している場合は、決算日に**事業主貸勘定から資本金に振り替えます**。

したがって、借方に記入されている事業主貸勘定を減らし（**貸方**に記入し）、**借方**に**資本金**と記入します。

（資　　本　　金）	40	（事業主貸勘定）	40

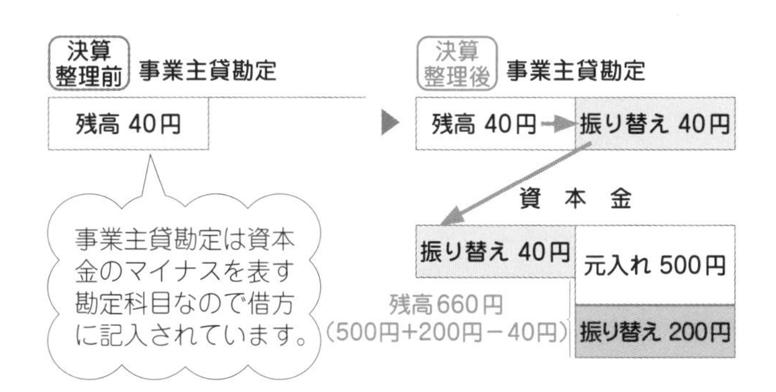

CASE64の仕訳

（事業主借勘定）	200	（資　　本　　金）	200
（資　　本　　金）	40	（事業主貸勘定）	40

問題編

問題48、49

第10章

引当金

先が読めない世の中だから、
得意先が倒産してしまうことだってある。
そうなると完成工事未収入金や受取手形が
回収できなくなるかもしれないから、
心の準備とともに帳簿上でもこれに備えておこう。

ここでは、引当金についてみていきましょう。

CASE 65

貸倒れと貸倒引当金

当期に発生した完成工事未収入金が貸し倒れたとき

ゴエモン建設
この完成工事未収入金どーするの～？
ガ～ン
完成工事未収入金 100円 シャム
ないソデはふれません。
シャム物産
倒産

当期からお付き合いしている得意先のシャム物産が倒産してしまい、当期に掛けで売り上げた代金100円が回収できなくなってしまいました。

取引 ×1年10月20日　得意先シャム物産が倒産し、完成工事未収入金100円（当期に発生）が貸し倒れた。

用語 **貸倒れ**…得意先の倒産などによって、完成工事未収入金や受取手形が回収できなくなること

貸倒れとは

得意先の倒産などにより、得意先に対する完成工事未収入金や受取手形が回収できなくなることを**貸倒れ**（かしだおれ）といいます。

完成工事未収入金が貸し倒れたときは、もはやその完成工事未収入金を回収することはできないので、**完成工事未収入金を減少**させます。

回収できない完成工事未収入金を残しておいてもしかたないので、完成工事未収入金を減少させます。

（　　　　）		（完成工事未収入金）	100

また、借方科目は、貸し倒れた完成工事未収入金や受取手形が**当期に発生したもの**なのか、それとも**前期以前に発生していたもの**なのかによって異なります。

当期（今年度）に売り上げたか、前期（前年度）以前に売り上げたのかの違いですね。

当期に発生した完成工事未収入金が貸し倒れたときの仕訳

CASE65では、当期に発生した完成工事未収入金が貸し倒れています。

このように、**当期に発生した完成工事未収入金が貸し倒れたときは、貸倒損失（かしだおれそんしつ）（費用）として処理**します。

前期以前に発生した完成工事未収入金が当期に貸し倒れた場合は、CASE67で学習します。

CASE65の仕訳

（貸　倒　損　失）	100	（完成工事未収入金）	100

費用の発生⬆

CASE 66

貸倒れと貸倒引当金

完成工事未収入金や受取手形の決算日における仕訳

今日は決算日。シャム物産の倒産によって、完成工事未収入金や受取手形は必ずしも回収できるわけではないことを痛感しました。そこで、万一に備えて決算日時点の完成工事未収入金400円について、2%の貸倒れを見積ることにしました。

取引 12月31日　決算日において、完成工事未収入金の期末残高400円について、2%の貸倒引当金を設定する。

用語
期　末…（お店の）今年度（当期）の最後の日。決算日のこと
貸倒引当金…将来発生すると予想される完成工事未収入金や受取手形の貸倒れに備えて設定する勘定科目

貸倒引当金とは

CASE65のシャム物産のように、完成工事未収入金や受取手形は貸し倒れてしまうおそれがあります。

そこで、決算日に残っている完成工事未収入金や受取手形が、将来どのくらいの割合で貸し倒れる可能性があるかを見積って、あらかじめ準備しておく必要があります。

この貸倒れに備えた金額を**貸倒引当金**（かしだおれひきあてきん）といいます。

貸倒額を見積って、貸倒引当金として処理することを「貸倒引当金を設定する」といいます。

決算日における貸倒引当金の設定

CASE66では、完成工事未収入金の期末残高400円に対して2%の貸倒引当金を設定しようとしています。したがって、設定する貸倒引当金は8円（400円×

2%）となります。

なお、貸倒引当金の設定額は次の計算式によって求めます。

貸倒引当金の設定額	＝	完成工事未収入金、受取手形の期末残高	× 貸倒設定率

試験では、何％見積るか（貸倒設定率）は問題文に与えられます。

CASE66の貸倒引当金の設定額

・400円×2％＝8円

ここで、**貸倒引当金は資産（完成工事未収入金や受取手形）のマイナスを意味する勘定科目**なので、**貸方**に記入します。

（　　　　）		（貸倒引当金）	8

また、借方は**貸倒引当金繰入額**（かしだおれひきあてきんくりいれがく）という**費用**の勘定科目で処理します。

したがって、CASE66の仕訳は次のようになります。

貸倒引当金繰入額…費用っぽくない勘定科目ですが、費用です。

費用	収益
利益	

CASE66の仕訳

（貸倒引当金繰入額）	8	（貸倒引当金）	8

費用の発生↑

CASE 67 貸倒れと貸倒引当金

前期以前に発生した完成工事未収入金が貸し倒れたときの仕訳

なんということでしょう！ 得意先のシロミ物産が倒産してしまいました。ゴエモン建設は、泣く泣くシロミ物産に対する完成工事未収入金50円（前期に売り上げた分）を貸倒れとして処理することにしました。

取引 ×2年3月10日　得意先シロミ物産が倒産し、完成工事未収入金（前期に発生）50円が貸し倒れた。なお、貸倒引当金の残高が8円ある。

ここまでの知識で仕訳をうめると…

（　　　　　　）	（完成工事未収入金）	50

完成工事未収入金が貸し倒れた

前期以前に発生した完成工事未収入金が貸し倒れたときの仕訳

CASE67のように前期に発生した完成工事未収入金には、前期の決算日（×1年12月31日）において、貸倒引当金が設定されています。

したがって、**前期（以前）に発生した完成工事未収入金が貸し倒れたときは、まず貸倒引当金の残高8円を取り崩し**ます。

（貸 倒 引 当 金）	8	（完成工事未収入金）	50

貸倒引当金は、決算日に設定されるので、当期に発生した完成工事未収入金には貸倒引当金が設定されていません。ですから、当期に発生した完成工事未収入金が貸し倒れたとき（CASE65）は全額、貸倒損失（費用）で処理するのです。

貸倒引当金は貸方の科目なので、取り崩すときは借方に記入します。

そして、**貸倒引当金を超える金額**42円（50円－8円）は**貸倒損失（費用）**として処理します。

CASE67の仕訳

（貸倒引当金）	8	（完成工事未収入金）	50
（貸倒損失）	42		

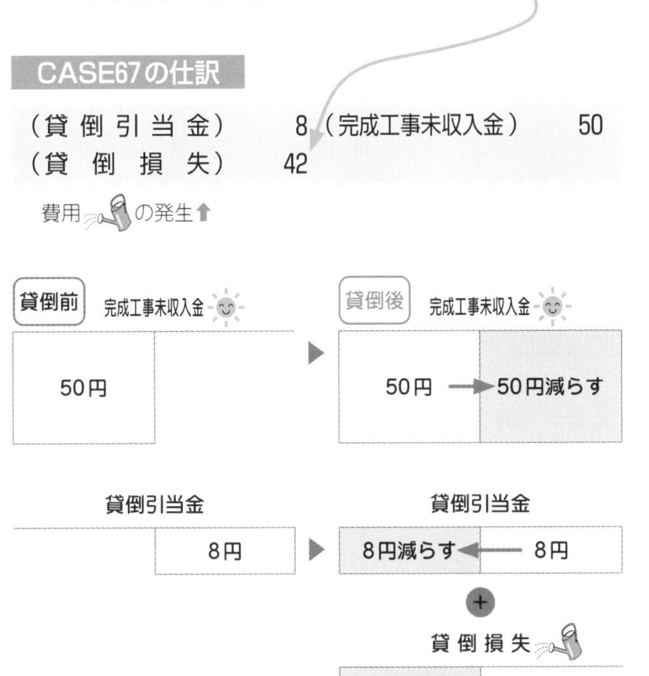

なお、貸倒れの処理をまとめると、次のようになります。

貸倒れの処理（まとめ）

いつ発生したもの？	処理
当期に発生した完成工事未収入金等の貸倒れ	全額、**貸倒損失（費用）**で処理
前期以前に発生した完成工事未収入金等の貸倒れ	①**貸倒引当金を減らす** ②**貸倒引当金を超える額**は**貸倒損失（費用）**で処理

受取手形が貸し倒れたときも処理は同じです。

CASE 68

貸倒れと貸倒引当金

貸倒引当金の期末残高がある場合の決算日における仕訳

今日は決算日。
ゴエモン建設は、完成工事未収入金の期末残高600円について2%の貸倒れを見積ることにしましたが、決算日において貸倒引当金が5円残っています。
この場合は、どのような処理をするのでしょうか？

取引 ×2年12月31日　決算日において、完成工事未収入金の期末残高600円について、2%の貸倒引当金を設定する。なお、貸倒引当金の期末残高は5円である（差額補充法）。

用語 **差額補充法**…当期末に見積った貸倒引当金と貸倒引当金の期末残高の差額だけ、貸倒引当金として処理する方法

決算日における貸倒引当金の設定

CASE68では、貸倒引当金が期末において5円残っています。このように、貸倒引当金の期末残高がある場合は、**当期の設定額と期末残高との差額だけ追加で貸倒引当金を計上**します。

この方法を差額補充法といいます。

CASE68の貸倒引当金の設定額

①貸倒引当金の設定額：600円×2%＝12円
②貸倒引当金の期末残高：5円
③追加で計上する貸倒引当金：12円－5円＝7円

CASE68の仕訳

（貸倒引当金繰入額）	7	（貸倒引当金）	7

費用  の発生↑

貸倒引当金

	期末残高5円

▶ 決算整理後 貸倒引当金

当期末の設定額 12円	
	期末残高5円
	差額の7円を増やす

貸倒引当金繰入額 

7円	

貸倒引当金の設定

どっちが大きい?	処　理
期末残高 5円 < 当期設定額 12円	その差額 7円 だけ、 ①**貸倒引当金を増やす** ②**借方は貸倒引当金繰入額(費用)**

CASE 69 前期に貸倒処理した完成工事未収入金を当期に回収したときの仕訳

シロミ物産が倒産した年の翌年1月20日。ゴエモン建設は、前期に貸倒処理したシロミ物産に対する完成工事未収入金50円を、運良く回収することができました。

取引 ×3年1月20日　前期（×2年度）に貸倒処理したシロミ物産に対する完成工事未収入金50円を現金で回収した。

ここまでの知識で仕訳をうめると…

（現　　　金）	50	（　　　　）	

現金で回収した

前期に貸倒処理した完成工事未収入金を回収したときの仕訳

前期（以前）に貸倒処理した完成工事未収入金が当期に回収できたときは、貸倒引当金や完成工事未収入金などの勘定科目は用いず、償却債権取立益（しょうきゃくさいけんとりたてえき）という収益の勘定科目で処理します。

償却（貸倒処理）した債権（完成工事未収入金や受取手形）を取り立てることができたということで、償却債権取立益ですね。

CASE69の仕訳

（現　　　金）	50	（償却債権取立益）	50

収益の発生

問題編
問題50、51

第11章

費用・収益の繰延べと見越し

1年間の費用を前払いしたときや、1年間の収益を前受けしたときは、
当期分の費用や収益が正しく計上されるように
決算日に調整しなくてはいけないらしい…。

ここでは、費用・収益の繰延べと
見越しについてみていきましょう。

CASE 70 費用の繰延べ

家賃を支払った（費用を前払いした）ときの仕訳

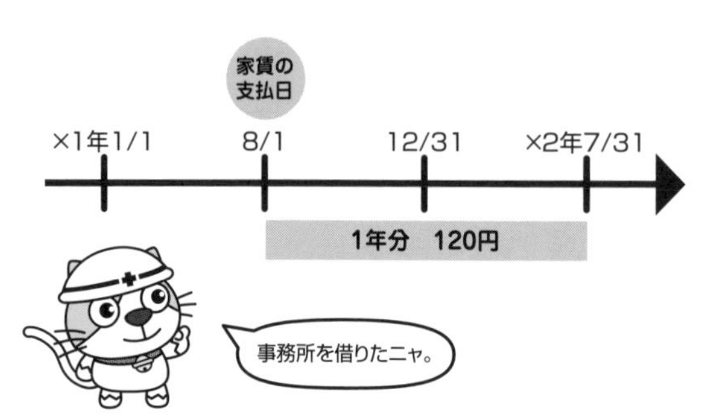

8月1日　ゴエモン建設は、事務所用として建物の一部屋を借りることにしました。
そして、1年分の家賃120円を小切手を振り出して支払いました。

取引　×1年8月1日　事務所の家賃120円（1年分）を、小切手を振り出して支払った。

ここまでの知識で仕訳をうめると…

（　　　　）		（当座預金）	120

小切手を振り出した⬇

家賃を支払った（費用を前払いした）ときの仕訳

事務所や店舗の家賃を支払ったときは、**支払家賃（費用）**として処理します。

1年分の家賃を支払っているので、1年分の金額で処理します。

CASE70の仕訳

（支払家賃）	120	（当座預金）	120

費用の発生⬆

CASE 71 費用の繰延べ

決算日の処理（費用の繰延べ）

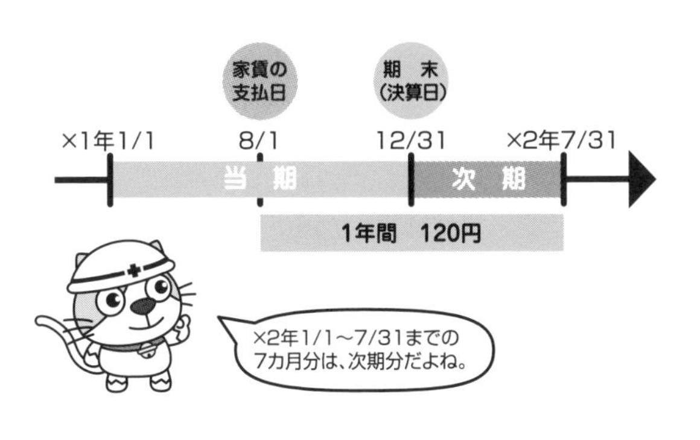

今日は決算日。ゴエモン建設は、×1年8月1日に1年分の家賃（120円）を支払っています。このうち8月1日から12月31日までの分は当期の費用ですが、×2年1月1日から7月31日までの分は次期の費用です。この場合、どんな処理をしたらよいでしょう？

取引 12月31日 決算日（当期：×1年1月1日～12月31日）につき次期の家賃を繰り延べる。なお、ゴエモン建設は8月1日に家賃120円（1年分）を支払っている。

用語 **繰延べ**…（費用の場合）当期に支払った費用のうち、次期分を当期の費用から差し引くこと

費用の繰延べ

CASE70では、×1年8月1日（1年分の家賃を支払ったとき）に、支払家賃（費用）として処理しています。

◆1年分の家賃を支払ったときの仕訳

（支払家賃）	120	（当座預金）	120

このうち、×1年8月1日から12月31日までの5カ月分は当期の家賃ですが、×2年1月1日から7月31日までの7カ月分は次期の家賃です。

したがって、いったん計上した1年分の支払家賃（費用）のうち、**7カ月分を減らします**。

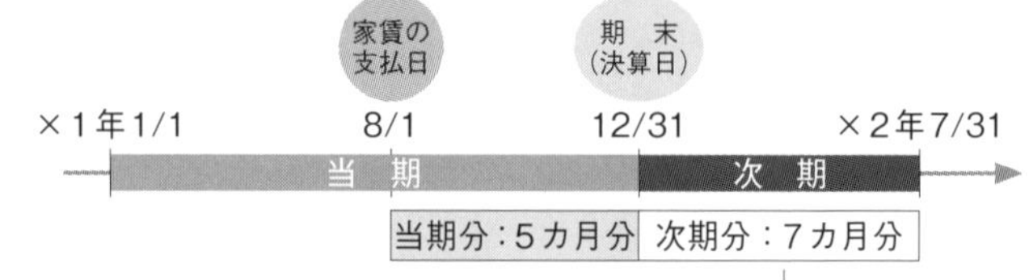

前払費用…先に支払っている→支払った分だけサービスを受けることができる権利→資産

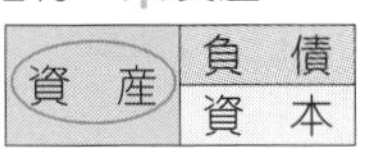

CASE71の次期の支払家賃

・次期の支払家賃：120円×$\frac{7カ月}{12カ月}$＝70円

（　　　　　）		（支 払 家 賃）	70

費用の取り消し⬇

なお、CASE71は、次期分の費用を当期に前払いしているので、前払いしている金額だけ次期にサービスを受ける権利があります。そこで、借方は**前払費用**（まえばらいひよう）**（資産）**で処理します。

家賃の前払いなので、「前払家賃」で処理します。

CASE71の仕訳

（前 払 家 賃）	70	（支 払 家 賃）	70

資産の増加⬆

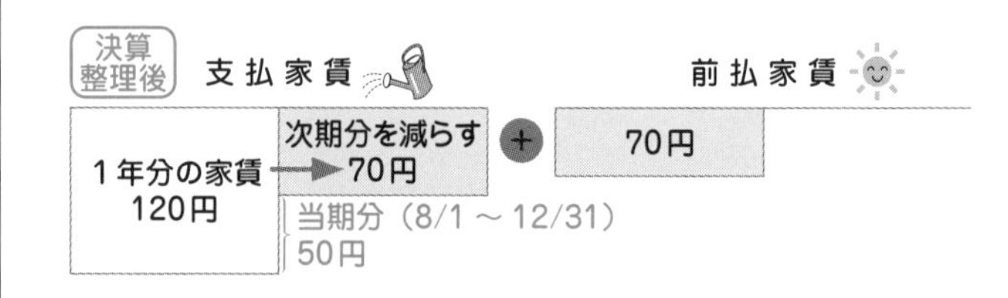

このように、当期に支払った費用のうち、次期分を当期の費用から差し引くことを**費用の繰延べ**（くりの）といいます。

CASE 72 再振替仕訳

翌期首の仕訳（費用の繰延べ）

×2年1月1日（期首）。今日から新しい期が始まります。
取引はまだなにもしてませんが、帳簿上では、前期に繰り延べた支払家賃70円を戻す処理をするそうです。

取引 ×2年1月1日　期首につき、前期末に繰り延べた支払家賃70円の再振替仕訳を行う。

用語 **再振替仕訳**…前期末に行った繰延べ（または見越し）の仕訳の逆仕訳

再振替仕訳

決算日（前期末）において、次期分として繰り延べた費用は、翌期首（次期の期首）に逆の仕訳をして振り戻します。この仕訳を**再振替仕訳**（さいふりかえしわけ）といいます。

◆決算日の仕訳

（前払家賃）	70	（支払家賃）	70

CASE72の仕訳　（逆の仕訳）

（支払家賃）	70	（前払家賃）	70

再振替仕訳をすることによって、前期（×1年度）に繰り延べた費用が当期（×2年度）の費用となります。

CASE 73

費用の見越し

お金を借り入れた(利息を後払いとした)ときの仕訳

貸してください。
600
返済日に、利息も支払ってくださいね。
ドラネコ銀行

9月1日　ゴエモン建設は、事業拡大のため、銀行から現金600円を借りました。
この借入金にかかる利息(利率は2%)は1年後の返済時に支払うことになっています。

取引　×1年9月1日　ゴエモン建設は銀行から、借入期間1年、年利率2%、利息は返済時に支払うという条件で、現金600円を借り入れた。

お金を借り入れたとき(利息は後払い)の仕訳

これはすでに学習しましたね。

銀行からお金を借り入れたときは、**現金(資産)が増加**するとともに**借入金(負債)**が増加します。

なお、返済時に利息を支払うため、この時点では利息の処理はしません。

CASE73の仕訳

(現　　　金)	600	(借　入　金)	600

CASE 74

費用の見越し

決算日の処理（費用の見越し）

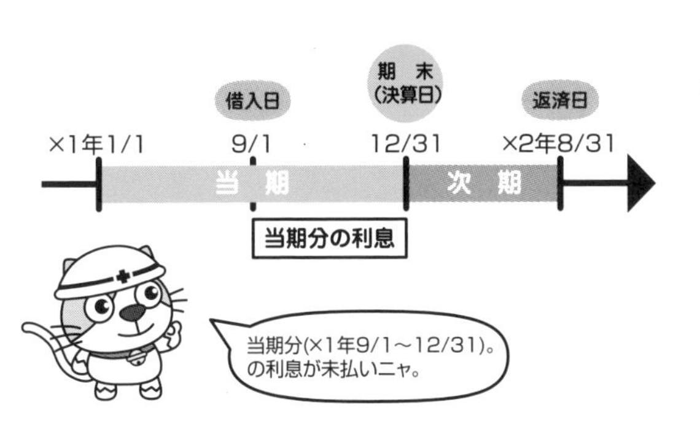

今日は決算日（12月31日）。

ゴエモン建設は、9月1日に銀行から現金600円を借り入れていますが、利息（利率2%）は返済時に払う約束です。

この場合、決算日にどんな仕訳をしたらよいでしょう？

取引 ×1年12月31日　決算日（当期：×1年1月1日～12月31日）につき、当期分の利息を見越計上する。なお、ゴエモン建設は9月1日に銀行から、借入期間1年、年利率2%、利息は返済時に支払うという条件で、現金600円を借り入れている。

用語 **見越し**…（費用の場合）当期に支払うべき費用のうち、まだ支払っていない金額を費用として計上すること

費用の見越し

借入金の利息は返済時（×２年８月31日）に支払うため、まだ費用として計上していません。しかし、×１年９月１日から12月31日までの４カ月分の利息は当期の費用なので、この４カ月分を**支払利息（費用）**として処理します。

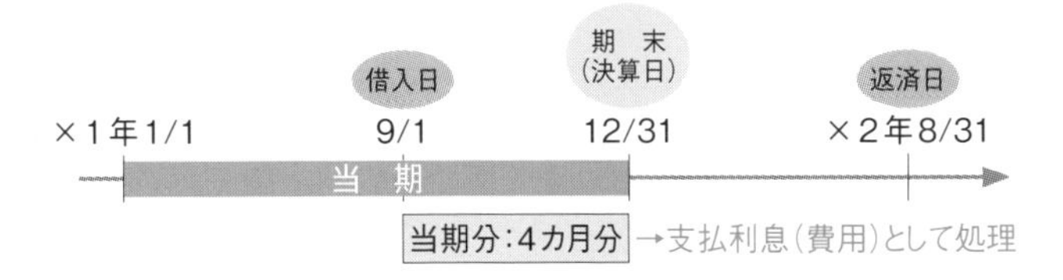

CASE74の当期の支払利息

・当期の支払利息：600円×２％×$\frac{4カ月}{12カ月}$＝４円

（支　払　利　息）	4	（　　　　　　）	

費用の発生↑

なお、CASE74では、当期分の費用をまだ支払っていないので、次期に支払わなければならないという義務が生じます。

そこで、貸方は**未払費用**（**負債**）で処理します。

未払費用…まだ支払っていない→あとで支払わなければならない義務→負債

資　産	負　債
	資　本

CASE74の仕訳

利息の未払いなので、「未払利息」で処理します。

（支　払　利　息）	4	（未　払　利　息）	4

負債の増加↑

決算整理後

支払利息：当期分　4円　＋　未払利息：当期分　4円

このように、当期の費用にもかかわらず支払いがされていない分を、当期の費用として計上することを**費用の見越し**といいます。

再振替仕訳

決算日に当期分として見越した費用は、翌期首（次期の期首）に逆の仕訳をして振り戻します。

（未　払　利　息）	4	（支　払　利　息）	4

CASE 75

収益の繰延べ

地代を受け取った（収益を前受けした）ときの仕訳

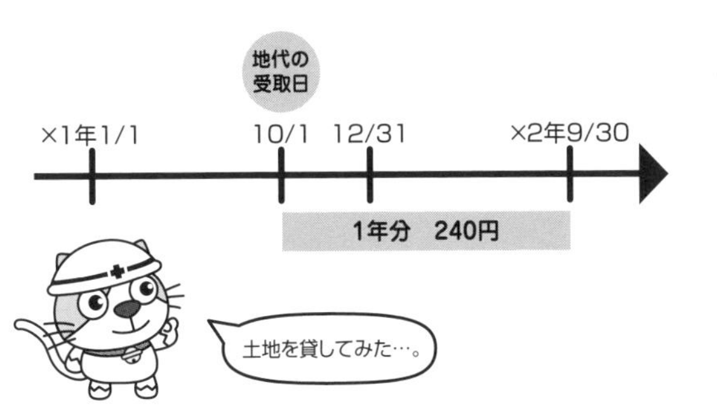

10月1日　ゴエモン建設は、余っている土地を有効利用しようと、トラミ㈱に貸すことにしました。このとき、トラミ㈱から1年分の地代240円を小切手で受け取りました。

取引　×1年10月1日　ゴエモン建設はトラミ㈱に土地を貸し、地代240円（1年分）を小切手で受け取った。

ここまでの知識で仕訳をうめると…

（現　　　　金）　240

小切手で受け取った↑

地代を受け取った（収益を前受けした）ときの仕訳

土地を貸し付けて、地代を受け取ったときは、**受取地代（収益）**として処理します。

「受取～」とついたら収益です。

CASE75の仕訳

（現　　　　金）　240（受　取　地　代）　240

収益の発生↑

CASE 76

決算日の処理（収益の繰延べ）

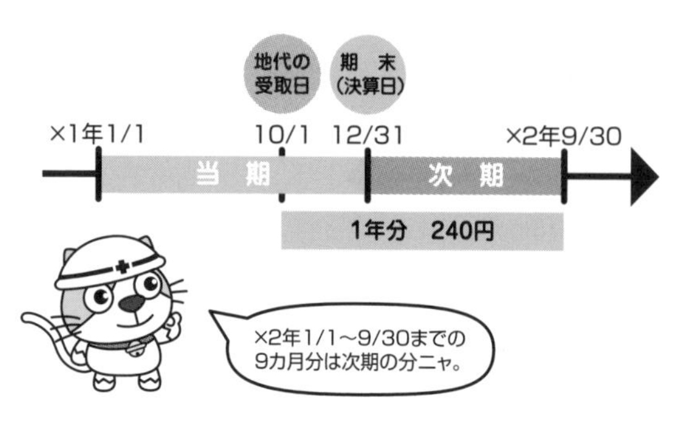

今日は決算日（12月31日）。
ゴエモン建設は、×1年10月1日に受け取った1年分の地代（240円）のうち、次期分（×2年1月1日から9月30日）について繰り延べました。

取引 12月31日　決算日（当期：×1年1月1日～12月31日）につき次期分の地代を繰り延べる。なお、ゴエモン建設は10月1日に地代240円（1年分）を受け取っている。

用語 **繰延べ**…（収益の場合）当期に受け取った収益のうち、次期分を当期の収益から差し引くこと

収益の繰延べ

CASE75では、×1年10月1日（1年分の地代を受け取ったとき）に、受取地代（収益）として処理しています。

◆1年分の地代を受け取ったときの仕訳

（現　　　金）	240	（受　取　地　代）	240

このうち、×1年10月1日から12月31日までの3カ月分は当期の地代ですが、×2年1月1日から9月30日までの9カ月分は次期の地代です。

したがって、いったん計上した1年分の受取地代（収益）のうち、**9カ月分を減らします**。

CASE76の次期の受取地代

・次期の受取地代：240円×$\frac{9カ月}{12カ月}$＝180円

（受　取　地　代）　180（　　　　　　）

収益の取り消し⬇

CASE76では、次期分の収益を当期に前受けしているので、その分のサービスを提供する義務が生じます。そこで、貸方は**前受収益（負債）**で処理します。

前受収益…受け取った分だけサービスを提供する義務
→負債

資　産	負　債
	資　本

CASE76の仕訳

（受　取　地　代）　180（前　受　地　代）　180

負債の増加⬆

地代の前受けなので、「前受地代」で処理します。

決算整理後

受取地代

次期分を減らす 180円	1年分の地代 240円
当期分（10/1～12/31）60円	

＋

前受地代

	180円

このように、当期に受け取った次期分の収益を当期の収益から差し引くことを**収益の繰延べ**といいます。

再振替仕訳

決算日に次期分として繰り延べた収益は、翌期首に逆の仕訳をして振り戻します。

（前　受　地　代）　180（受　取　地　代）　180

CASE 77

収益の見越し

お金を貸し付けた（利息をあとで受け取る）ときの仕訳

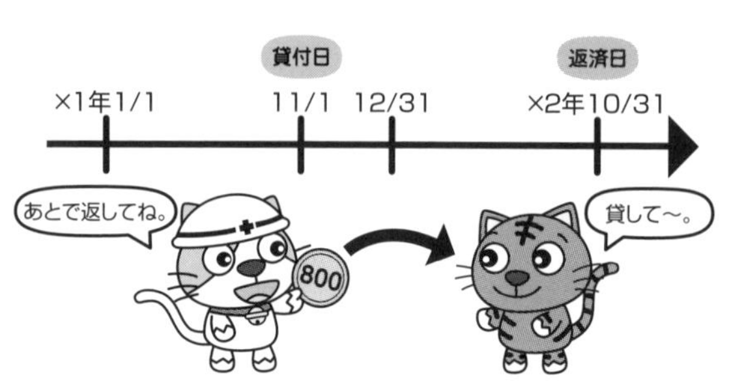

11月1日　ゴエモン建設は、トラノスケ㈱に現金800円を貸しました。
この貸付金にかかる利息（利率は3%）は1年後の返済時に受け取ることになっています。

取引　×1年11月1日　ゴエモン建設は、トラノスケ㈱に貸付期間1年、年利率3%、利息は返済時に受け取るという条件で現金800円を貸し付けた。

これはすでに学習しましたね。

お金を貸し付けたときの仕訳

お金を貸し付けたときは、**現金（資産）が減少**するとともに**貸付金（資産）が増加**します。

なお、返済時に利息を受け取るため、この時点では利息の処理はしません。

CASE77の仕訳

（貸　付　金）	800	（現　　　金）	800

CASE 78 収益の見越し

決算日の処理（収益の見越し）

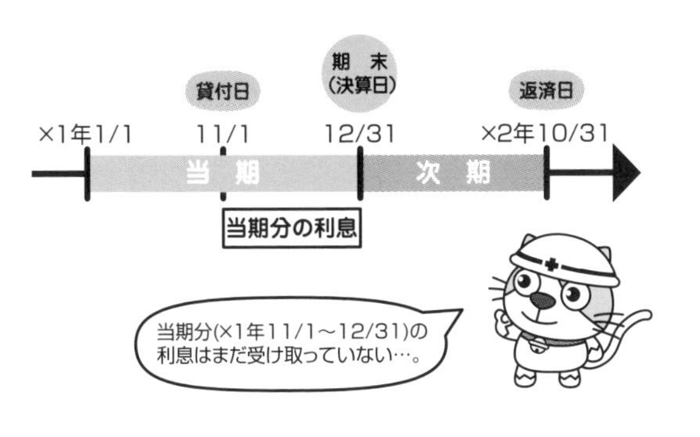

今日は決算日（12月31日）。

ゴエモン建設は、×1年11月1日にトラノスケ㈱に現金800円を貸していますが、利息（利率3%）は返済時（×2年10月31日）に受け取る約束です。したがって、当期分の利息を見越計上しました。

取引 ×1年12月31日　決算日（当期：×1年1月1日～12月31日）につき当期分の利息を見越計上する。なお、ゴエモン建設は11月1日にトラノスケ㈱に貸付期間1年、年利率3%、利息は返済時に受け取るという条件で現金800円を貸し付けている。

用語 **見越し**…（収益の場合）当期に受け取るべき収益のうち、まだ受け取っていない金額を収益として計上すること

収益の見越し

貸付金の利息は返済時（×2年10月31日）に受け取るため、まだ収益として計上していません。しかし、×1年11月1日から12月31日までの2カ月分の利息は当期の収益なので、この2カ月分を**受取利息（収益）**として処理します。

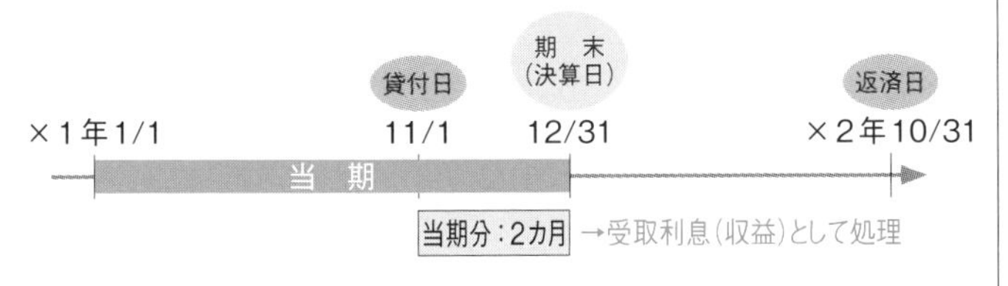

CASE78の当期の受取利息

・当期の受取利息：800円×３％×$\frac{2カ月}{12カ月}$＝4円

（　　　　　）	（受　取　利　息）	4

収益の発生

> 未収収益…まだ受け取っていない→あとで受け取ることができる権利→資産
>
> | 資　産 | 負　債 |
> |---|---|
> | | 資　本 |

なお、CASE78では、当期分の収益をまだ受け取っていないため、次期に受け取ることができます。そこで、借方は**未収収益（資産）**で処理します。

CASE78の仕訳

> 利息の未収なので、「未収利息」で処理します。

（未　収　利　息）	4	（受　取　利　息）	4

資産の増加

決算整理後

受取利息	未収利息
当期分　4円 ＋	4円

このように、当期の収益にもかかわらずまだ受け取っていない分を、当期の収益として計上することを**収益の見越し**といいます。

再振替仕訳

決算日に当期分として見越した収益は、翌期首に逆の仕訳をして振り戻します。

（受　取　利　息）	4	（未　収　利　息）	4

繰延べと見越しのまとめ

費用、収益ともに「**繰延べ**」といったら、決算日において、当期に支払った費用または受け取った収益のうち**次期分を減らします**。そして、相手科目は**前払○○（資産）**または**前受××（負債）**で処理します。

また、費用、収益ともに「**見越し**」といったら、決算日において、**当期分の費用または収益を計上します**。そして相手科目は**未払○○（負債）**または**未収××（資産）**で処理します。

繰延べ…「前払○○」、「前受××」

見越し…「未払○○」、「未収××」
「見（み）」が付いたら「未（み）」の勘定科目で！

とても重要

繰延べと見越しのまとめ

		費用・収益の処理	経過勘定
繰延べ	費用	減らす	前払○○（資産）
	収益		前受××（負債）
見越し	費用	増やす	未払○○（負債）
	収益		未収××（資産）

前払費用、前受収益、未払費用、未収収益は経過勘定といいます。なお、経過勘定ということばは覚える必要はありません。

問題編
問題52、53

建設業会計編

第12章

原価計算の基礎

工事にかかる原価って、どんなものがあるんだろう。
材料費・労務費・外注費・経費の分類があるみたい。

ここでは、原価計算の基礎についてみていきましょう。

CASE 79 建設業会計の基礎

建設業会計とは?

いよいよ工事を
始めるぞ！
ゴエモン建設

これまで材料の仕入れや完成した建造物の販売、固定資産の購入など、一般の小売業と共通する内容を中心に解説してきました。
ここからは、建設業の特徴である、工事活動の会計処理についてみていきましょう。

商業簿記と建設業会計の違い

商品売買業では、仕入れた商品をそのままの形で売ります。

一般的な**商業簿記**は、仕入先から商品を買ってきて、その商品を得意先に売るという**商品売買業**を対象とした簿記です。

建設業では、材料等の仕入から工事、完成物の販売という流れになります。

これに対して、建設業会計は、土木・建築に関する工事の依頼を注文者から受け（受注)、材料等を仕入れて、自ら工事を行ってこれを完成させ、注文者に引き渡す建設業を対象とする簿記です。

工事には、建物一棟を施工するものだけでなく、屋根の工事や給排水などの付帯工事を含みます。

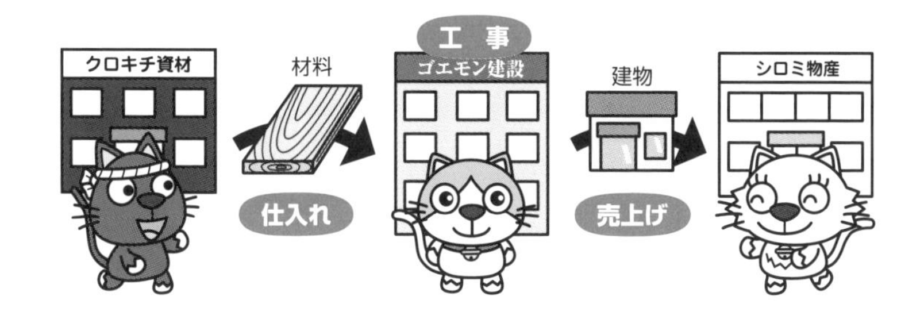

このように、建設業会計は**工事活動を記録する**という特徴があります。

原価計算とは？

商品売買業では、仕入れた商品をそのまま売るため、売り上げた商品の原価（売上原価）は、仕入れたときの価額（仕入原価）となります。

一方、建設業では、仕入れた材料をそのまま売るわけではなく、工事を行って建造物を作るため、工事にかかった費用を計算する必要があります。

工事にかかった費用を**原価**（げんか）といい、原価を計算することを**原価計算**といいます。

原価について

原価とは?

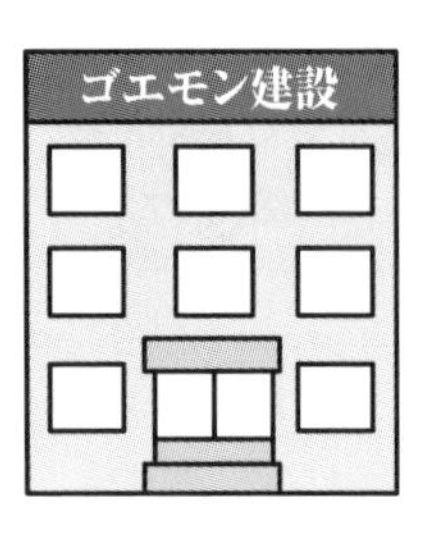

そもそも原価に含まれるものって何だったっけ？　たしか、工事原価…販売費…。
そこで、原価とは何か？　についてしっかりと調べてみることにしました。

原価と非原価

原価計算制度において原価とは、次の要件を満たすものでなくてはなりません。

原価計算制度上の原価

- **原価は経済価値（物品やサービスなど）の消費である。**
- **原価は給付に転嫁される価値である。**

  ★給付とは、経営活動により作り出される財貨または用役をいい、最終給付である完成工事原価のみでなく、中間給付をも意味します。建設業における給付は、建設物です。

  最終給付…完成工事原価など
  中間給付…未成工事支出金
- **原価は経営目的に関連したものである。**
- **原価は正常なものである。**

したがって、この4要件を満たすものについて、これから詳しく学習していくことになります。

一方、この要件を満たさないものを**非原価項目**といい、原価計算の対象外となります。この非原価項目は、次のものが該当します。

(1) 経営目的に関連しないもの（営業外費用）

① 次の資産に関する減価償却費、管理費、租税等の費用

a 投資資産たる不動産、有価証券

b 未稼動の固定資産

c 長期にわたり休止している設備

② 支払利息、割引料などの財務費用

③ 有価証券評価損および売却損

異常な状態とは、いつもより多く仕損が発生するなど、通常の工事活動では起こりえない状態をいいます。このような原因によって生じた費用は非原価項目となります。

(2) 異常な状態を原因とするもの（特別損失）

① 異常な仕損・減損・棚卸減耗・貸倒損失など

② 火災・風水害などの偶発的事故による損失

③ 固定資産売却損および除却損

(3) 税法上特に認められている損金算入項目（課税所得算定上、いわゆる経費として認められるもの）

① 特別償却（租税特別措置法による償却額のうち通常の償却範囲額を超える額）など

(4) その他利益剰余金に課する項目

① 法人税、所得税、住民税など

② 配当金など

工事原価と総原価

このような分類を職能別分類といいます。

原価計算制度においては、いかなる活動のために発生したかによって原価を次のように分類します。

(1) 工事原価

工事を完成させるために発生した原価

(2) 販売費

販売活動のために発生した原価

(3) 一般管理費

一般管理活動のために発生した原価

これらを総称して**総原価**といいます。また、販売費と一般管理費をあわせて**営業費**といいます。

このうち原価計算では、工事原価の計算が中心となりますので、工事原価の取扱いが重要となってきます。

原価の具体的な分類

原価の中でも工事原価の取扱いが重要であることがわかりました。そこでさらにその工事原価について調べてみることにしました。

原価の具体的な分類

CASE80でみた原価は、さらに**発生形態別**により分類することができます。

発生形態別分類

工事のために、何を消費して発生した原価なのかという基準で、**材料費・労務費・外注費・経費**に分類する方法を発生形態別分類といいます。

要するにモノにかかった金額が材料費、ヒトにかかった金額が労務費、外部に頼んだ金額が外注費、それ以外が経費です。

発生形態別分類

- 材料費…物品を消費することによって発生する原価
- 労務費…労働力を消費することによって発生する原価
- 外注費…電気工事など外部の業者に対して委託した工事にかかる原価
- 経　費…材料費・労務費・外注費以外の原価要素を消費することによって発生する原価

材料費
労務費
外注費
経 費
塗料

CASE 82 原価計算の基礎

原価計算の基本的な流れ

ゴエモン建設
この工事の原価はどうやって計算するんだろう？

つづいて、原価計算の基本的な流れについてみてみましょう。

ここでは、基本的な原価計算の流れをサラっとみておきましょう。

費目別計算（材料費、労務費、外注費、経費の計算） Step 1

原価計算の第1ステップは、**材料費、労務費、外注費、経費がいくらかかったのか**を**材料費、労務費、外注費、経費**などの勘定を用いて計算します。

費目別計算といいます。

まず、材料を購入したとき、賃金を支払ったとき、外注費を支払ったとき、経費を支払ったときは、各勘定の借方に記入します。

たとえば、材料100円を掛けで仕入れたときの材料勘定の記入は次のようになります。

掛けで材料を仕入れた場合、製造業（工業簿記）では「買掛金」を使いますが、建設業会計では「工事未払金」を使います。

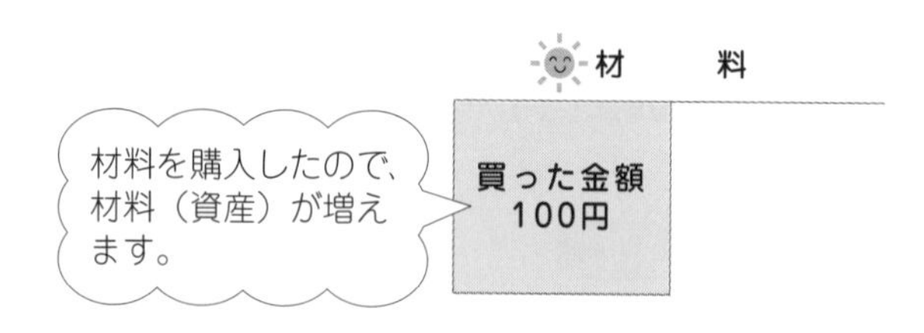
材　料
材料を購入したので、材料（資産）が増えます。
買った金額
100円

そして、材料を工事用に出庫したときに、材料勘定から材料費勘定（借方）に振り替えます。

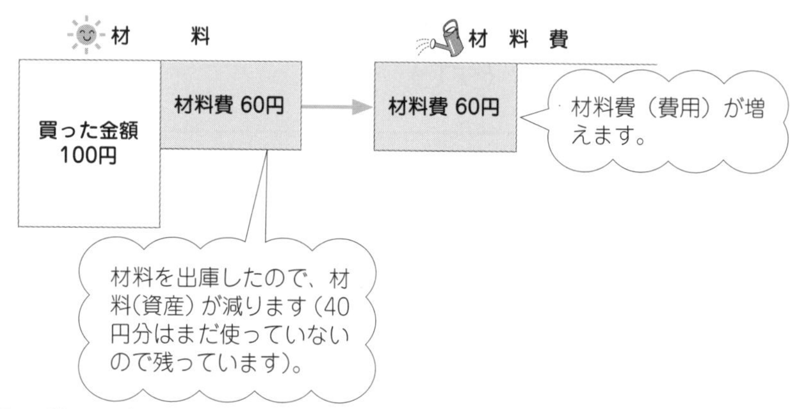
材　料
買った金額
100円
材料費 60円
材料を出庫したので、材料(資産) が減ります(40円分はまだ使っていないので残っています)。
材料費
材料費 60円
材料費（費用）が増えます。

まだ完成していない、という意味で未成工事という言葉を使います。

そして、材料費、労務費、外注費、経費を使ったときは、各勘定から使った金額を未成工事支出金勘定（借方）に振り替えます。

たとえば、材料費が60円、労務費が30円、外注費が30円、経費が20円としたときの勘定の記入は次のようになります。

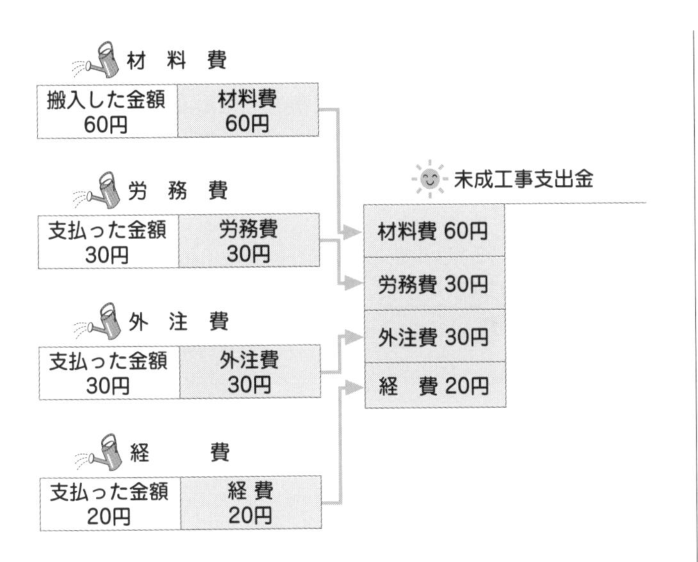

工事原価の計算 Step 2

完成した工事については、**未成工事支出金勘定**から**完成工事原価勘定**（**借方**）に振り替えます。

したがって、手掛けた工事140円のうち、130円分が完成し、引き渡したときの各勘定の記入は次のようになります。

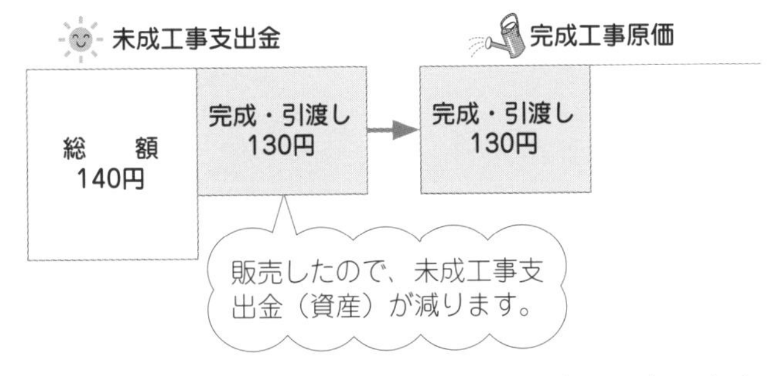

以上より、勘定の流れをまとめると次のようになります。

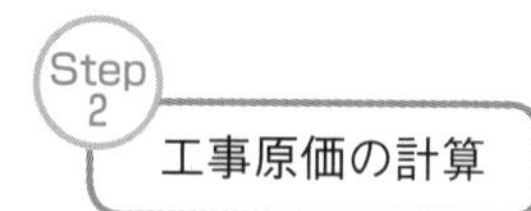

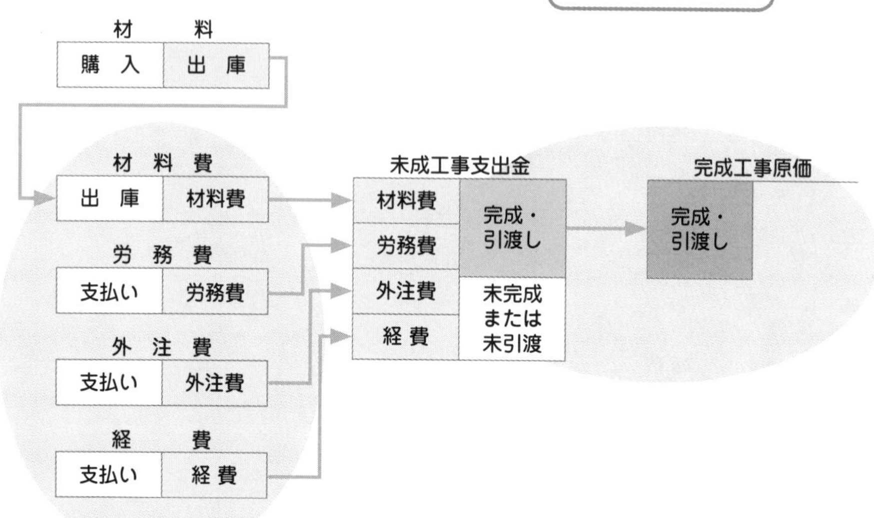

Step 1

費目別計算（材料費、労務費、外注費、経費の計算）

第13章
材料費

さっそく、工事に着手！
なにはともあれ、材料がなければモノは作れない。
そして、一言で材料といっても、
建物の本体となる材料もあれば
塗料のような補助的な材料もある…。

ここでは、材料費についてみていきましょう。

CASE 83

材料費

材料費の分類

この材料を使って
製品を作っているニャ。
ペンキ

建物には木材、セメント、瓦、給水管、釘などさまざまな種類の材料が使われています。

材料費の分類

材料費とは、購入した材料のうち、工事において消費した（使った）金額をいいます。

使うことを「消費する」といいます。

材料費はどのように使ったか（消費形態）によって、**主要材料費**（しゅようざいりょうひ）、**補助材料費**（ほじょざいりょうひ）、**仮設材料費**（かせつざいりょうひ）などに分類することができます。

①主要材料費

柱や瓦、セメントなど建物などの基本的な部分を構成する材料を**主要材料**といい、その消費額が**主要材料費**です。

主要材料費

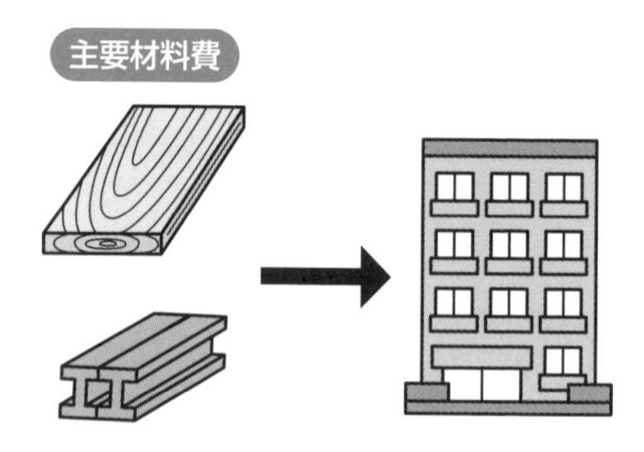

②補助材料費

塗料やペンキなど、工事のために補助的に使われる材料を**補助材料**といい、その消費額が**補助材料費**です。

③仮設材料費

仮設足場やフェンスなど、一時的に現場で使用される仮設材料に関する消費額が仮設材料費です。

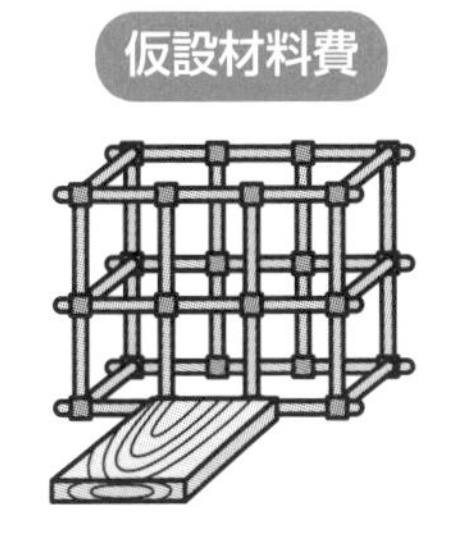

CASE 84

材料費

材料を購入したときの処理

ゴエモン建設は、工事の材料である木材を購入しました。このときの処理についてみてみましょう。

取引 木材10枚（@100円）を掛けで購入し、本社倉庫に搬入した。なお、運送会社に対する引取運賃20円は現金で支払った。

材料を購入し、本社倉庫に搬入したときの処理

材料を購入し、本社倉庫に搬入したときは、材料自体の価額（**購入代価**）に引取運賃など、材料の購入にかかった**付随費用**（**材料副費**といいます）を合計した金額を、材料の**購入原価**として処理します。

材料の購入原価＝購入代価＋付随費用（材料副費）

CASE84の材料の購入原価

・@100円×10枚＋20円＝1,020円

したがって、CASE84の仕訳は次のようになります。

CASE84の仕訳

@100円×10枚

(材　　料)	1,020	(工事未払金)	1,000
		(現　　金)	20

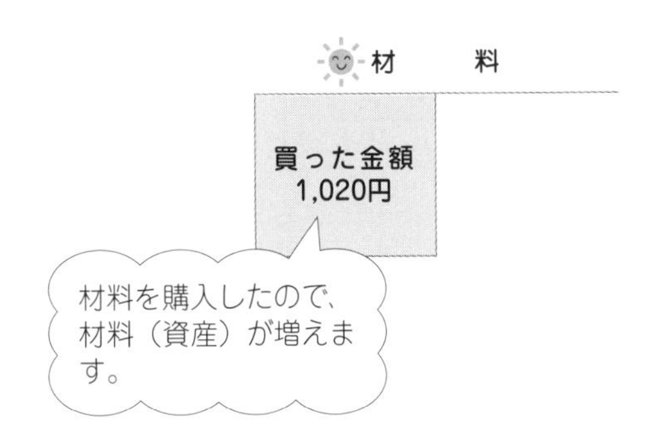
材　料
買った金額
1,020円
材料を購入したので、材料（資産）が増えます。

材料を返品したときの処理

購入した材料を購入先に返品したときは、返品分の材料の仕入れを取り消します。

たとえば、掛けで購入した材料のうち50円分を返品したときの仕訳は次のようになります。

(工事未払金)	50	(材　　料)	50

CASE 85

材料費

材料を消費したときの処理

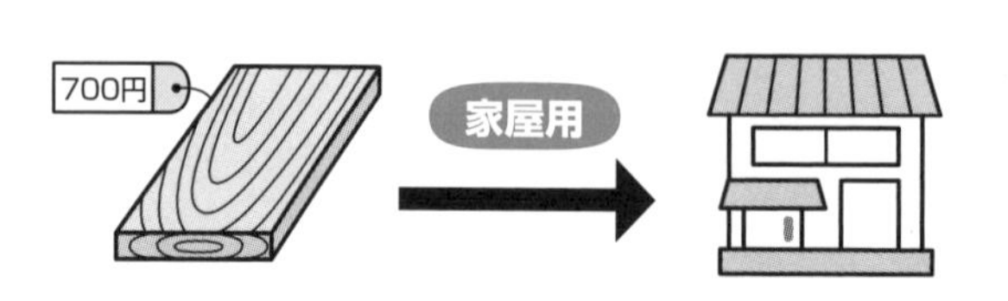

現場で、木材700円を家屋の梁として使いした。このときの処理についてみてみましょう。

取引 材料700円を本社倉庫より出庫し、消費した。

用語 消　費…使うこと

材料を倉庫から出庫したときの処理

本社倉庫から材料を出庫したときは、**材料勘定**から**材料費勘定**に振り替えます。

（材　　料　　費）　700（材　　　　　料）　700

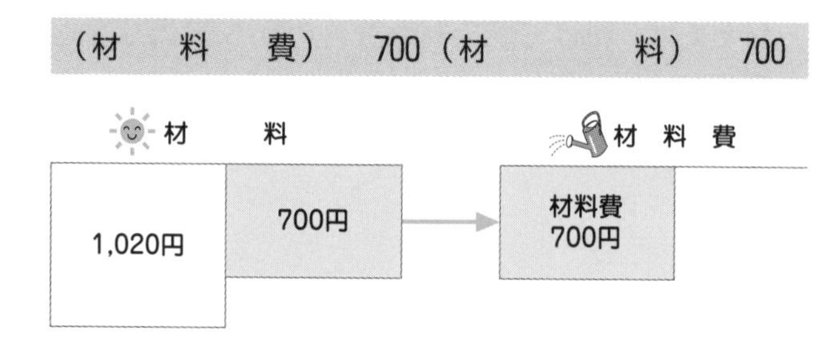

材料を消費したときの処理

そして、**材料**を消費したときは、**材料費勘定**から**未成工事支出金勘定**に振り替えます。

（未成工事支出金）　700（材　　料　　費）　700

材　料　費

700円	材料費 700円

未成工事支出金

材料費 700円	

したがって、CASE85の仕訳は次のようになります。

CASE85の仕訳

（材　料　費）	700	（材　　　料）	700
（未成工事支出金）	700	（材　料　費）	700

材料費の計算

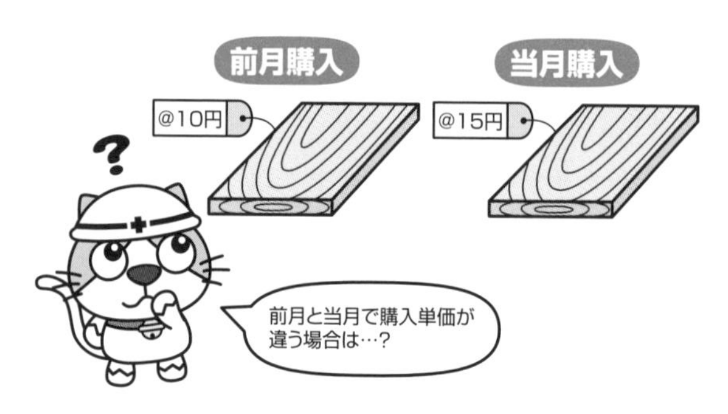

今月(5月)、現場では材料として木材90枚を使いました。
同じ材料でも前月(4月)の購入単価と今月(5月)の購入単価が違うのですが、この場合の材料費はどのように計算したらよいのでしょうか?

取引 当月、材料として木材90枚を出庫し、消費した。なお、月初材料は20枚(@10円)、当月材料購入量は80枚(@15円)である。

材料費の計算

材料費は、使った材料の単価(**消費単価**(しょうひたんか)といいます)に使った数量(**消費数量**(しょうひすうりょう)といいます)を掛けて計算します。

材料費＝消費単価×消費数量

ここで、消費単価をいくらで計算するのか、消費数量をどのように求めるのかという問題があります。

まずは消費単価をいくらで計算するのか、という点からみていきましょう。

消費単価はどのように決める?

同じ種類の材料でも、購入先や購入時期の違いから、購入単価が異なることがあります。この場合、材料を使ったときに、どの購入単価のものを使ったのか

(消費単価をいくらで計算するのか）を決める必要があります。

消費単価の決定方法にはいろいろありますが、3級で学習するのは先入先出法という方法です。

先入先出法による場合の消費単価の決定

先入先出法とは、**先に購入した材料から先に消費した**と仮定して材料の消費単価を決定する方法をいいます。

したがって、CASE86について先入先出法で計算する場合、20枚については月初分（@10円）を消費し、残りの70枚（90枚－20枚）は、当月購入分（@15円）を消費したとして材料費を計算することになります。

CASE86の材料費の計算（先入先出法）

・材料費（90枚）：@10円×20枚＋@15円×70枚
＝1,250円

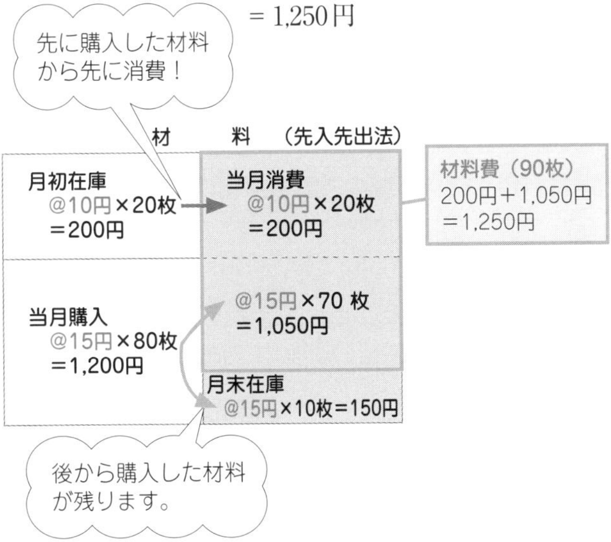

消費数量はどのように計算する？

次は、材料の消費数量の計算です。材料の消費数量の計算には、**継続記録法**（けいぞくきろくほう）と**棚卸計算法**（たなおろしけいさんほう）があります。

(1) 継続記録法

継続記録法とは、材料を購入したり、消費したりするつど、材料元帳に記入し、材料元帳の払出数量欄に記入された数量を消費数量とする方法をいいます。

材　料　元　帳

木材A

×1年		摘要	受入			払出			残高		
月	日		数量	単価	金額	数量	単価	金額	数量	単価	金額
5	1	前月繰越	20	10	200				20	10	200
	10	入　庫	80	15	1,200				20	10	200
									80	15	1,200
	15	出　庫				20	10	200			
						70	15	1,050	10	15	150

ここに記入された数量が消費数量となります。

消費数量＝材料元帳の払出数量欄に記入された数量

継続記録法によると、つねに材料の在庫数量を把握することができます。また、月末に棚卸しを行えば、材料元帳の在庫（残高）数量と実地棚卸数量から、棚卸減耗を把握できるというメリットがあります。

いちいち記録するので、メンドウというデメリットがありますが…。

(2) 棚卸計算法

一方、**棚卸計算法**とは、材料を購入したときだけ材料元帳に記入し、購入記録と月末の実地棚卸数量から消費数量を計算する方法をいいます。

消費したときには記入しません。

材　料　元　帳

木材A

×1年		摘　要	受	入		払	出		残	高	
月	日		数量	単価	金額	数量	単価	金額	数量	単価	金額
5	1	前月繰越	20	10	200						
	10	入　庫	80	15	1,200						

購入（入庫）のみ記録します。

消費（出庫）と残高は記録しません。

消費数量＝月初数量＋当月購入数量－月末実地棚卸数量

棚卸計算法によると、記録の手間は省けますが、月末にならないと在庫数が把握できない、棚卸減耗を把握できないというデメリットがあります。

材料の期末残高は精算表上などでは材料貯蔵品勘定で計上されることがあります。

問題編

問題54、55

第14章 労務費・外注費

労務費は人に対してお金を支払うことで生じます。
でも、工務店には工事現場で働く人もいれば、
事務所の中で働いている人もいます。
では、誰に対して支払ったお金が労務費となるのだろう…？
そして、外注費ってなんだろう…？

ここでは、労務費と外注費についてみていきましょう。

労務費の分類

今日もごくろうさま！
おつかれさまです。
帳簿

ゴエモン建設には、工事現場内で作業をしている現場作業員さん、現場事務所の事務員さんがいます。これらの人にかかる費用（労務費）は、どのように処理するのでしょうか？

労務費の分類

労務費とは、工事現場で働く人にかかる賃金や給料など人にかかる費用をいい、次のようなものがあります。

①賃　金

工事現場で建物の建設にかかわる人を**現場作業員**（げんばさぎょういん）といいます。そして、現場作業員に支払われる給与を**賃金**（ちんぎん）といいます。

②給　料

工事現場で現場作業員を監督する人や現場事務所の事務員などに支払う給与を**給料**といいます。

③従業員賞与手当

現場作業員などに支払われる**賞与**や、家族手当、通勤手当などの**手当**も、人にかかる費用なので労務費です。

④退職給付費用

従業員の退職に備えて費用計上する退職給付引当金繰入額（**退職給付費用**）も、人にかかる費用なので労務費です。

⑤法定福利費

健康保険料や雇用保険料などの社会保険料は、事業主が一部を負担します。この事業主が負担した社会保険料を、**法定福利費**といいます。

建設業における労務費は、次のように国土交通省が告示するものに限定されます。

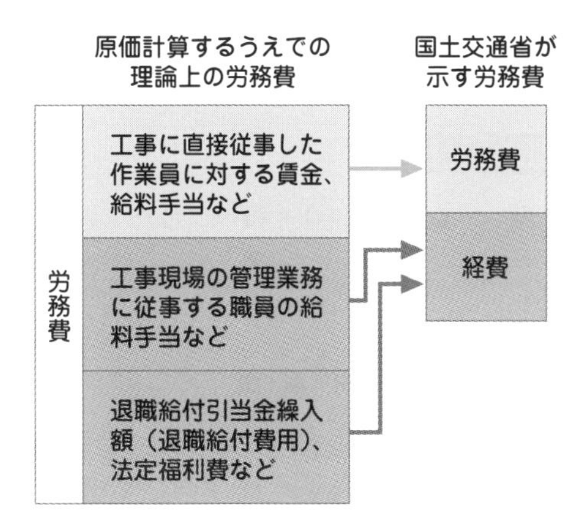

CASE 88

労務費

賃金を支払ったときの処理

ゴエモン建設の給料日は毎月25日。
今日は25日なので、賃金800円のうち源泉所得税と社会保険料を差し引いた残額を現場作業員に支払いました。

取引 当月の賃金の支給額は800円で、このうち源泉所得税と社会保険料の合計50円を差し引いた残額750円を現金で支払った。

賃金を支払ったときの処理

賃金を支払ったときは、**労務費（費用）**で処理します。なお、源泉所得税や社会保険料は**預り金（負債）**で処理します。

CASE88の仕訳

（労　務　費）	800	（預　り　金）	50
		（現　　　金）	750

労　務　費

支給額 800円	

CASE 89 労務費

賃金の消費額の計算

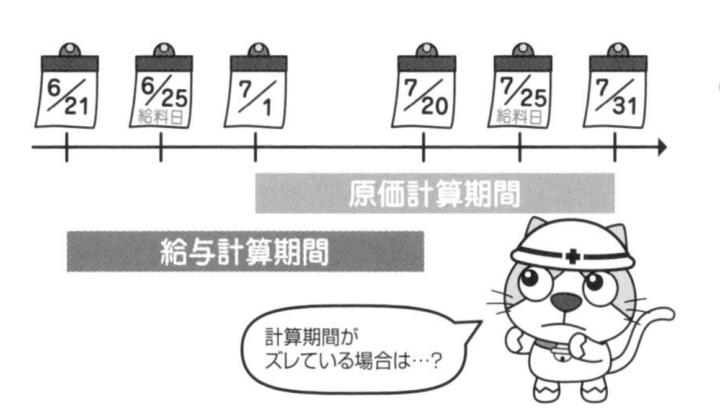

ゴエモン建設の給与の計算期間は前月21日から当月20日までで、支給日は毎月25日です。このように原価計算期間と給与計算期間が違う場合、賃金の消費額はどのように計算したらよいのでしょう？

取引 7月の賃金支給額は800円であった。なお、前月未払額（6月21日～6月30日）は30円、当月未払額（7月21日～7月31日）は40円である。

給与計算期間と原価計算期間のズレ

原価計算期間は毎月1日から月末までの1カ月です。ところが、通常、給与計算期間は「毎月20日締めの25日払い」というように、原価計算期間とズレていますので、このような場合は、そのズレを調整して賃金の消費額を計算します。

CASE89では、賃金支給額が800円ですが、この中には前月未払額（6月21日～6月30日）が含まれています。したがって、当月（7月）の賃金消費額を計算する際には、賃金支給額（800円）から前月未払額30円を差し引きます。

また、賃金支給額800円には、当月未払額（7月21日～7月31日）は含まれていません。したがって、当月（7月）の賃金の消費額を計算するにあたって、当月未払額40円を足します。

以上より、当月（7月）の賃金の消費額は、810円（800円－30円＋40円）と計算することができます。

CASE89の賃金の消費額

・800円－30円＋40円＝810円

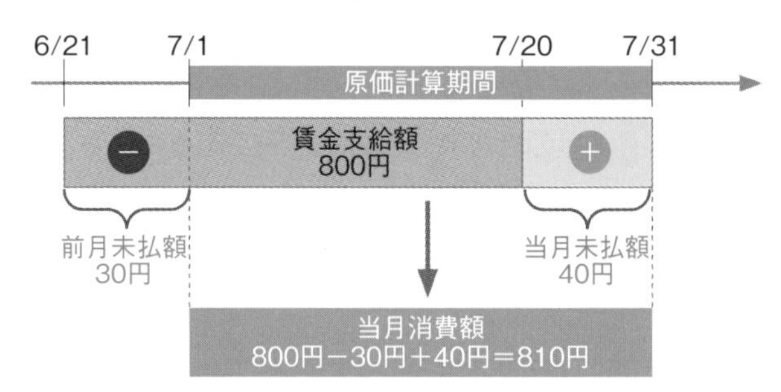

なお、仕訳を示すと次のようになります。

①月初の仕訳：再振替仕訳

(未払賃金)	30	(労務費)	30

②賃金支給時の仕訳（CASE88）

(労務費)	800	(現金など)	800

③月末の仕訳：費用の見越計上

(労務費)	40	(未払賃金)	40

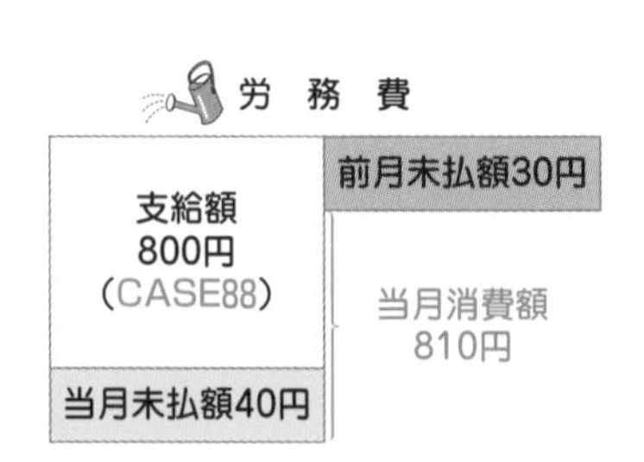

問題編
問題56

CASE 90 労務費

労務費の処理

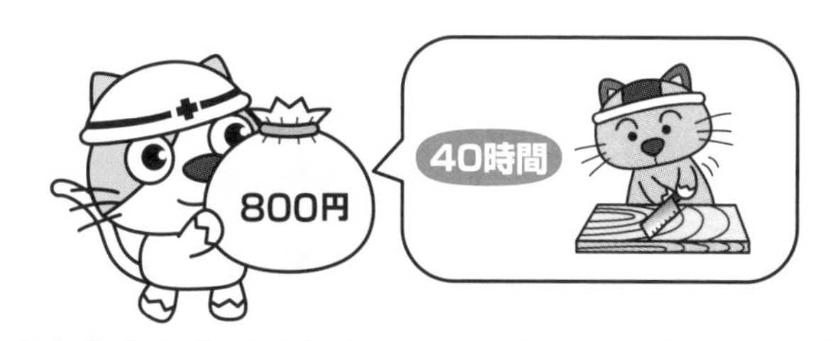

ゴエモン建設では8月の現場作業員の賃金消費額を計上しようとしています。さて、どのような処理をしたらよいでしょう？

取引 8月の現場作業員の賃金消費額を計上する。なお、8月の現場作業員の実際賃率は20円、作業時間は40時間であった。

現場作業員の賃金消費額の処理

現場作業員の賃金は、1時間あたりの賃金（**消費賃率**（しょうひちんりつ）といいます）に作業時間を掛けて計算します。

賃金の実際消費額＝実際賃率×実際作業時間

CASE90の現場作業員の賃金

賃金：@20円×40時間＝800円

そして、現場作業員の賃金は**労務費勘定**（**貸方**）から**未成工事支出金勘定**（**借方**）に、振り替えます。

CASE90の仕訳

（未成工事支出金）	800	（労　務　費）	800

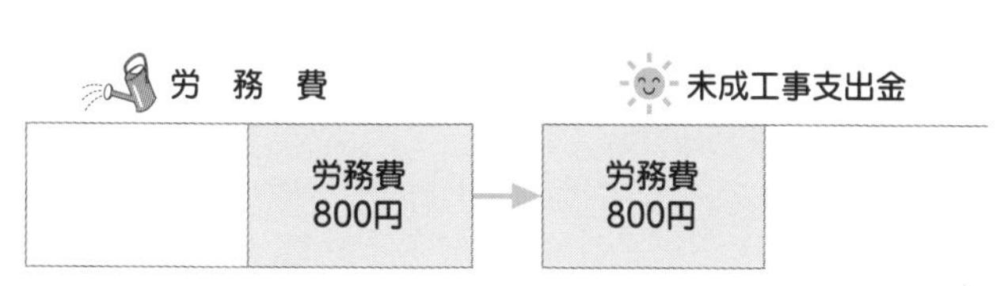

問題編
問題57

CASE 91

外注費

外注費の処理

もう配管は外注にします！
終わんないよ。

ゴエモン建設は、建物の建設にあたって、電気工事や配管工事を外部の業者に委託しました。
これらにかかった費用はどのように処理するのかみていきましょう。

取引 ゴエモン建設は、電気工事について下請業者に委託している（下請契約100円）。本日、下請業者から工事の出来高は40%であるとの報告を受けた。

外注費とは

建設業においては、自店では施工せずに電気工事やガスの配管工事などを外部の業者に委託することがあります。そしてこの外部業者に対して委託した工事にかかる原価を**外注費**として処理します。

ただし、外注費のうち大部分が人件費である場合は、労務費として処理することもできます。

この外注費は、一般的な製造業においては経費として処理されますが、建設業では外注費の割合が非常に高いことが多いため経費から分離して処理します。

外注費の処理

外注費は、下請業者から報告される工事の出来高（進行度合）に応じて**外注費勘定**または**未成工事支出金勘定**で処理します。

CASE91の仕訳

(外　注　費)	40	(工事未払金)	40

100円×40%

なお、下請契約時に工事代金を前払いした場合は、支払額を前渡金で処理します。

(前　渡　金)	30	(当座預金)	30

そのため、仮にCASE91の取引においてすでに工事代金30円を前払いしていた場合は次のように処理します。

(外　注　費)	40	(前　渡　金)	30
		(工事未払金)	10

問題編
問題58、59

第15章
経　費

材料費、労務費、外注費ときて、最後は経費。
経費は材料費、労務費、外注費以外の費用なので、
なんだかたくさんあるみたい…。

ここでは、経費についてみていきましょう。

CASE 92 経費

経費とは?

経費は材料費と労務費と外注費以外の費用ですが、経費にはどんなものがあるのでしょう?

経費とは

実際には外注費は経費ですがここでは分けて考えます。

経費とは、材料費、労務費、外注費以外の費用をいいます。また、経費は消費額の計算方法の違いによって、次の4つに分類することができます。

①支払経費

支払経費(しはらいけいひ)とは、その月の支払額を消費額とする経費をいい、**設計費**(せっけいひ)や**厚生費**(こうせいひ)などがあります。

支払経費については次のような**経費支払票**を作成して計算します。

経　費　支　払　票

×月分　　　　×年×月×日

費　目	当　月 支払高	前　月		当　月		当　月 消費高
		(−)未払高	(+)前払高	(+)未払高	(−)前払高	
厚　生　費	410				10	400
設　計　費	320		10		30	300
	730		10		40	700

②月割経費

月割経費（つきわりけいひ）とは、一定期間（1年や半年など）の発生額を計算し、それを月割計算した金額をその月の消費額とする経費をいい、**工場建物の減価償却費**や**保険料**などがあります。

月割経費については次のような**経費月割票**を作成して計算します。

経　費　月　割　票

×年度上半期　　　　　　×年×月×日

費　目	金　額	月　割　高					
		1月	2月	3月	4月	5月	6月
減価償却費	1,200	200	200	200	200	200	200
保　険　料	600	100	100	100	100	100	100

③測定経費

測定経費（そくていけいひ）とは、メーターなどで測定した消費量をもとに計算した金額をその月の消費額とする経費をいい、**電気代**や**水道代**などがあります。

測定経費については次のような**経費測定票**を作成して計算します。

経　費　測　定　票

×月分　　　　　　×年×月×日

費　目	前月指針	当月指針	当月消費量	単　価	金　額
電　力　料	150kwh	250kwh	100kwh	4円	400円
ガ　ス　代	26㎥	58㎥	32㎥	10円	320円
					720円

④発生経費

発生経費（はっせいけいひ）とは、その月の発生額を消費額とする経費をいい、**材料棚卸減耗費**などがあります。

経費の分類

<table>
<tr><td rowspan="2">①支払経費</td><td>設計費</td></tr>
<tr><td>厚生費など</td></tr>
<tr><td>②月割経費</td><td>減価償却費、保険料など</td></tr>
<tr><td>③測定経費</td><td>電気代、水道代など</td></tr>
<tr><td>④発生経費</td><td>材料棚卸減耗費など</td></tr>
</table>

CASE 93 経 費

経費を消費したときの処理

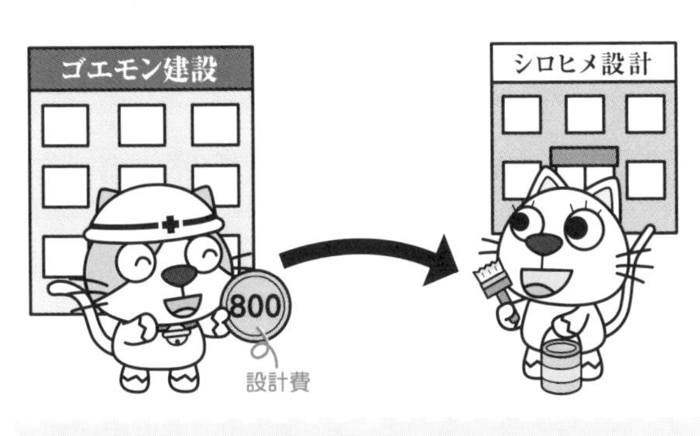

ゴエモン建設は、建物の設計をお願いしているシロヒメ設計に800円（設計費）を支払いました。

取引 設計費800円を現金で支払った。

経費の諸勘定を用いない場合の処理

経費を消費したときは、どの勘定を用いるかによって処理方法が異なります。

試験では勘定科目が指定されるので、それにしたがって処理してください。

経費の諸勘定を用いない場合、未成工事支出金勘定で処理します。

未成工事支出金

経費	

CASE93の仕訳①

（未成工事支出金）	800	（現　　　　金）	800

未成工事支出金

経費 800円	

経費勘定を用いる場合の処理

経費を消費したときに**経費勘定を用いて処理**することもあります。

この場合、経費を消費したときには、経費勘定で処理します。

（経　　費）	800	（現　　金）	800

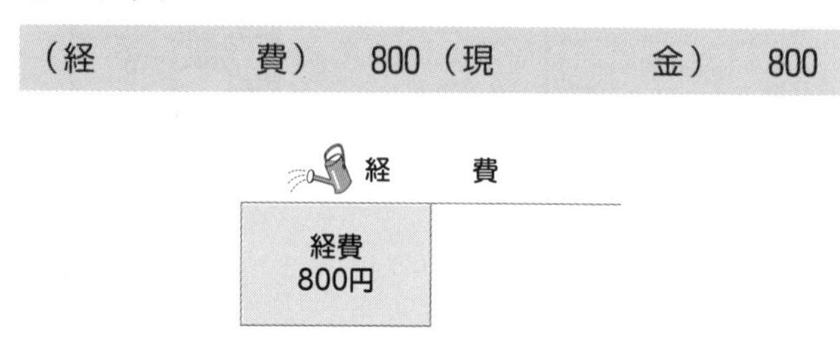

そして、経費勘定から**未成工事支出金勘定**に振り替えます。

以上より、CASE93を経費勘定を用いて処理した場合の仕訳は次のようになります。

CASE93の仕訳②

（経　　費）	800	（現　　金）	800
（未成工事支出金）	800	（経　　費）	800

未成工事支出金への振り替え

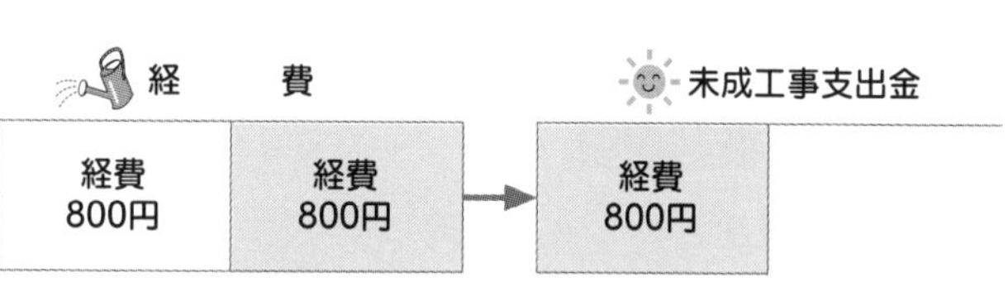

経費の諸勘定を用いる場合の処理

経費を消費したときに、設計費勘定などの**経費の諸勘定を用いて処理**することもあります。

この場合、経費を消費したときには、いったん各経費の勘定で処理します。

そして、各経費の勘定（ここでは設計費）から**未成工事支出金勘定**に振り替えます。

これは、経費勘定を用いて処理する場合と同じです。

以上より、CASE93を経費の諸勘定を用いて処理した場合の仕訳は次のようになります。

CASE93の仕訳③

借方	金額	貸方	金額
（設　計　費）	800	（現　　金）	800
（未成工事支出金）	800	（設　計　費）	800

未成工事支出金への振り替え

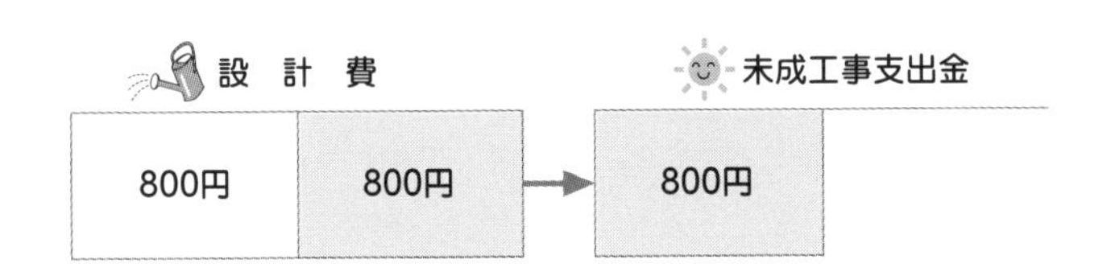

問題編
問題60、61

第16章 完成時の処理

工事が無事に完成し、引き渡しも終わったときには、
今まで計上してきた原価はどのような処理をするんだろう…？
また、売上はどのように計上するのだろう。

ここでは、完成時の工事原価の処理と工事収益の計上
についてみていきましょう。

CASE 94 原価計算表

建物が完成したときの処理

建物A 完成　建物B 完成　建物C 未完成

先月、注文を受けた建物Aと建物Bが今月完成しました。また、新たに建物Cの注文がありましたが、これはまだ完成していません。この場合の記入はどうなるでしょうか？

例　当月に工事台帳No.1（建物A）とNo.2（建物B）が完成している。なお、No.3（建物C）は未完成である。

原価計算表　(単位：円)

費目	No.1（建物A）	No.2（建物B）	No.3（建物C）	合計
前月繰越	2,550	1,400	0	3,950
材料費	50	100	400	550
労務費	200	400	600	1,200
外注費	150	30	50	230
経費	0	0	50	50
合計	2,950	1,930	1,100	5,980
備考				

前月繰越：前月発生の原価
材料費〜経費：当月発生の原価

建物が完成したとき

原価計算表の備考欄には、月末の建物の状態が記入されます。

CASE94では、No.1（建物A）、No.2（建物B）は完成していますので、「**完成**」と原価計算表の備考欄に記入します。また、No.3（建物C）は完成していなので、「**未完成**」と記入します。

CASE94の備考欄の記入

原価計算表 (単位：円)

費目	No.1 (建物A)	No.2 (建物B)	No.3 (建物C)	合計
前月繰越	2,550	1,400	0	3,950
材料費	50	100	400	550
労務費	200	400	600	1,200
外注費	150	30	50	230
経費	0	0	50	50
合計	2,950	1,930	1,100	5,980
備考	完成	完成	未完成	—

月末の状態を記入します。

勘定の記入

完成した工事については、その建物の原価を未成工事支出金勘定から**完成工事原価勘定**に振り替えます。

建物が完成するまでは、未完成の状態を表す未成工事支出金勘定に原価が集計されています。

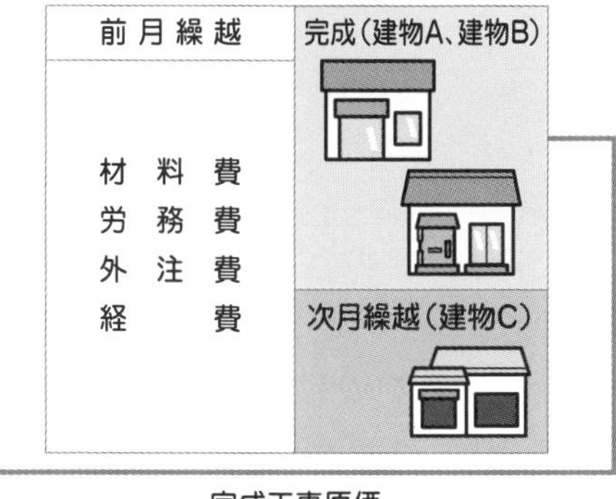

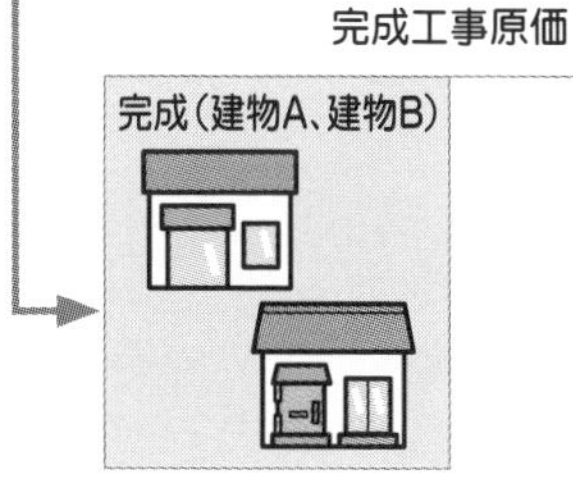

以上より、原価計算表と勘定のつながりを表すと次のとおりです。

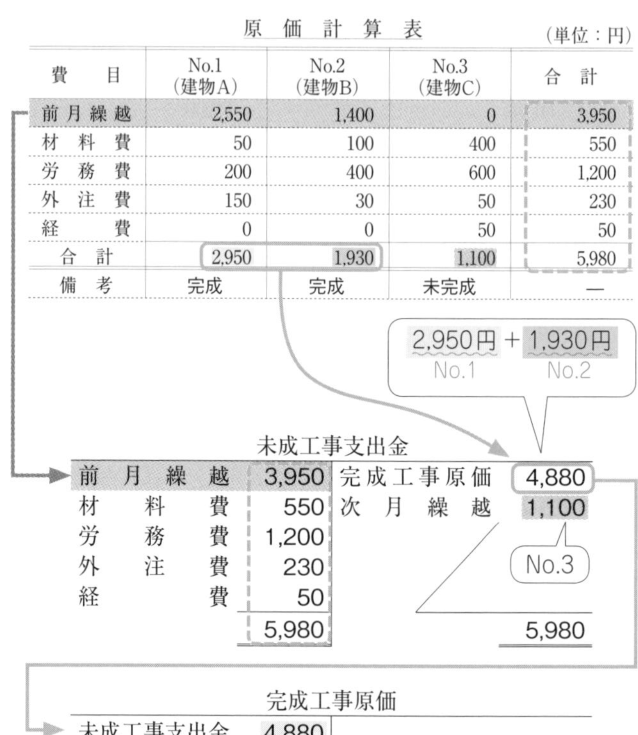

原　価　計　算　表　　(単位：円)

費　目	No.1 (建物A)	No.2 (建物B)	No.3 (建物C)	合　計
前月繰越	2,550	1,400	0	3,950
材料費	50	100	400	550
労務費	200	400	600	1,200
外注費	150	30	50	230
経費	0	0	50	50
合　計	2,950	1,930	1,100	5,980
備　考	完成	完成	未完成	—

未成工事支出金

借方		貸方	
前月繰越	3,950	完成工事原価	4,880
材料費	550	次月繰越	1,100
労務費	1,200		
外注費	230		
経費	50		
	5,980		5,980

完成工事原価

借方		貸方	
未成工事支出金	4,880		

完成工事原価報告書

完成した工事については、完成工事原価報告書としてまとめられます。

たとえば、当期に完成した工事であるNo.1（建物A）、No.2（建物B）の原価を集計して、完成工事原価報告書を作成した場合、次のようになります。

No.1、No2の原価

費目	No.1		No.2		合計
	前期	当期	前期	当期	
材料費	1,750円	50円	1,150円	100円	3,050円
労務費	600円	200円	200円	400円	1,400円
外注費	150円	150円	30円	30円	360円
経費	50円	0円	20円	0円	70円
合計	2,550円	400円	1,400円	530円	4,880円

完成工事原価報告書

完成工事原価報告書

ゴエモン建設

(単位：円)

Ⅰ. 材料費	3,050
Ⅱ. 労務費	1,400
Ⅲ. 外注費	360
Ⅳ. 経費	70
完成工事原価	4,880

材料費：2,900円（前期分）＋150円（当期分）＝3,050円

労務費：800円（前期分）＋600円（当期分）＝1,400円

外注費：180円（前期分）＋180円（当期分）＝360円

経　費：70円（前期経費）＋0円（当期経費）＝70円

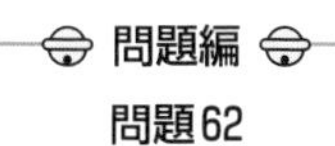

CASE 95

収益の認識基準

完成・引渡時の処理

×5年2月28日　シロミ物産から工事を請け負ったマンションが完成したので、引き渡しました。なお、契約価額（工事収益総額）の残額は来月末に受け取ることにしています。
この場合はどんな処理をするのでしょうか？

取引 ×5年2月28日　シロミ物産から請け負っていた建物が完成したので、引き渡した。当期中に発生した費用は材料費1,000円、労務費5,600円、外注費2,000円、経費1,000円であった。この建物の工事収益総額は30,000円、工事原価総額は24,000円である。なお、契約時に受け取った手付金（1,800円）との差額は来月末日に受け取る。また、前期までに発生した原価合計は14,400円であった。この工事は工事完成基準によって処理する。

工事完成基準による場合の完成・引渡時の処理

工事が完成し、引き渡しをしたときには、工事収益の計上と工事原価の計上を行います。工事収益の計上方法にはいくつかの方法がありますが、3級で学習するのは**工事完成基準**という方法です。

工事完成基準では、工事が完成し、引き渡したときに工事収益を計上します。

工事原価への振り替えは、あくまで決算整理事項です。

なお、各期に発生した原価は未成工事支出金として処理しているので、決算時に未成工事支出金を完成工事原価に振り替える処理をします。

以上より、CASE95の仕訳は、次のようになります。

CASE95の仕訳

（未成工事受入金）	1,800	（完成工事高）	30,000
（完成工事未収入金）	28,200		

手付金（1,800）
貸借差額（28,200）

完成工事高を計上する仕訳

（完成工事原価）	24,000	（未成工事支出金）	24,000

14,400円＋9,600円＝24,000円

当期までに発生した原価を完成工事原価に振り替える仕訳

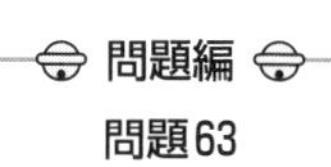

決算、帳簿編

第17章
決算と財務諸表

さあ、いよいよ一年間の活動の集大成を表す財務諸表の作成 ！
でも、その前に、決算整理を行わないといけないみたい…。

ここでは、決算整理と財務諸表の作成についてみていきましょう。

CASE 96

決算手続

決算手続とは?

12月31日。今日はゴエモン建設の締め日（決算日）です。
決算日には、日々の処理とは異なり、決算手続というものがあります。

決算手続

お店や会社をまとめて企業といいます。

企業は会計期間（通常1年）ごとに決算日を設け、1年間のもうけや決算日の資産や負債の状況をまとめます。この手続きを**決算**とか**決算手続**といいます。

決算手続は5ステップ！

決算手続は次の5つのステップで行います。

第1ステップは、**試算表**の作成です。試算表を作成することにより、仕訳や転記が正しいかを確認します。

第2ステップは、**決算整理**です。決算整理は、経営成績や財政状態を正しく表すために必要な処理で、現金過不足の処理や貸倒引当金の設定などがあります。

第3ステップは、**精算表**の作成です。精算表は、試算表から、決算整理を加味して損益計算書や貸借対照表を作成する過程を表にしたものです。

損益計算書と貸借対照表をまとめて財務諸表といいます。

第4ステップは、**損益計算書**と**貸借対照表**の作成です。損益計算書で企業の1年間のもうけ（**経営成績**といいます）を、貸借対照表で資産や負債の状況（**財政状態**といいます）を表します。

第5ステップは、**帳簿の締め切り**です。帳簿や勘定を締め切ることによって、次期に備えます。

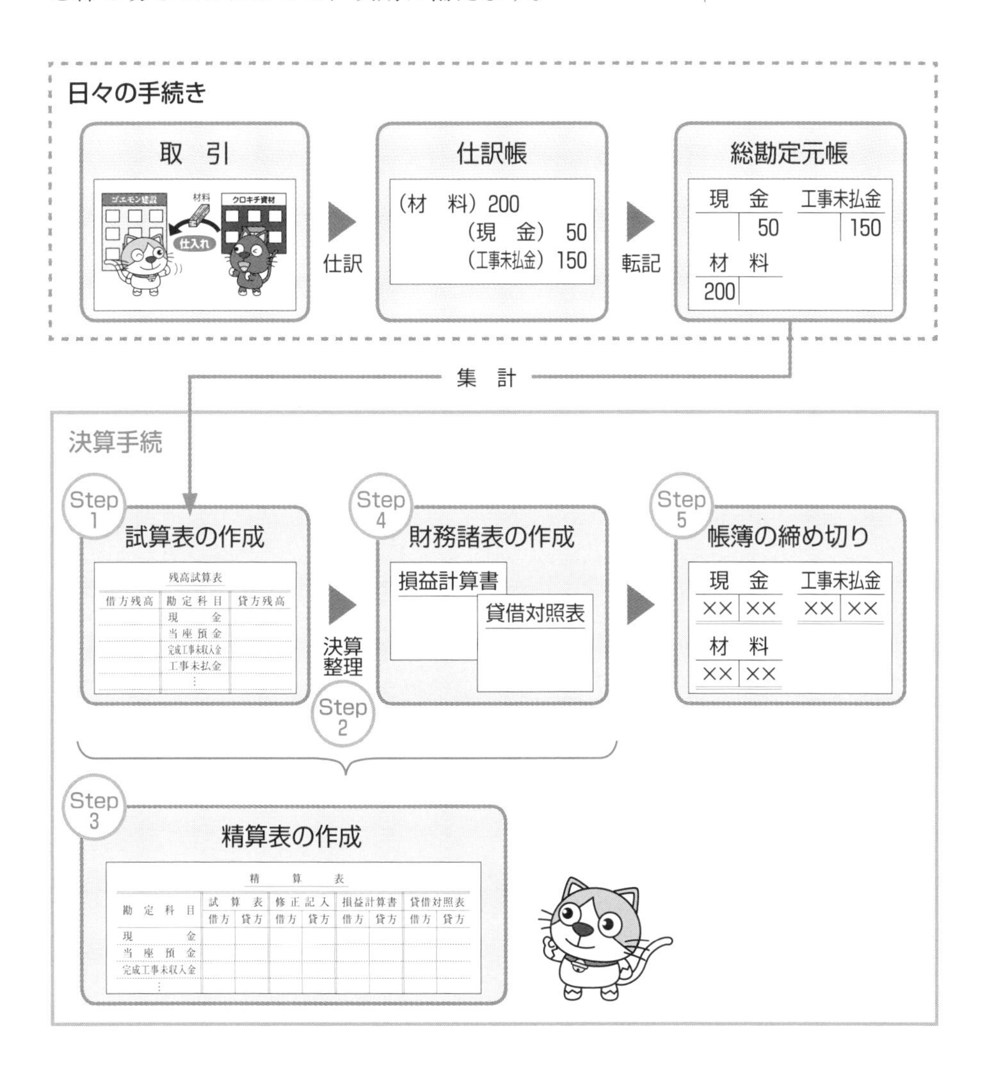

ここで学習する決算整理

第2ステップの決算整理のうち、**①現金過不足の処理、②有価証券の評価替え、③貸倒引当金の設定、④固定資産の減価償却、⑤費用・収益の繰延べと見越**

し、⑥**完成工事原価の算定**の６つを学習します。

これらの処理は学習済みですが、決算整理仕訳を確認しながら、CASE98以降で精算表への記入をみていきましょう。

精算表のフォーム

精算表は、（残高）試算表、決算整理、損益計算書および貸借対照表をひとつの表にしたもので、一般的に出題される精算表の形式は、次のとおりです。

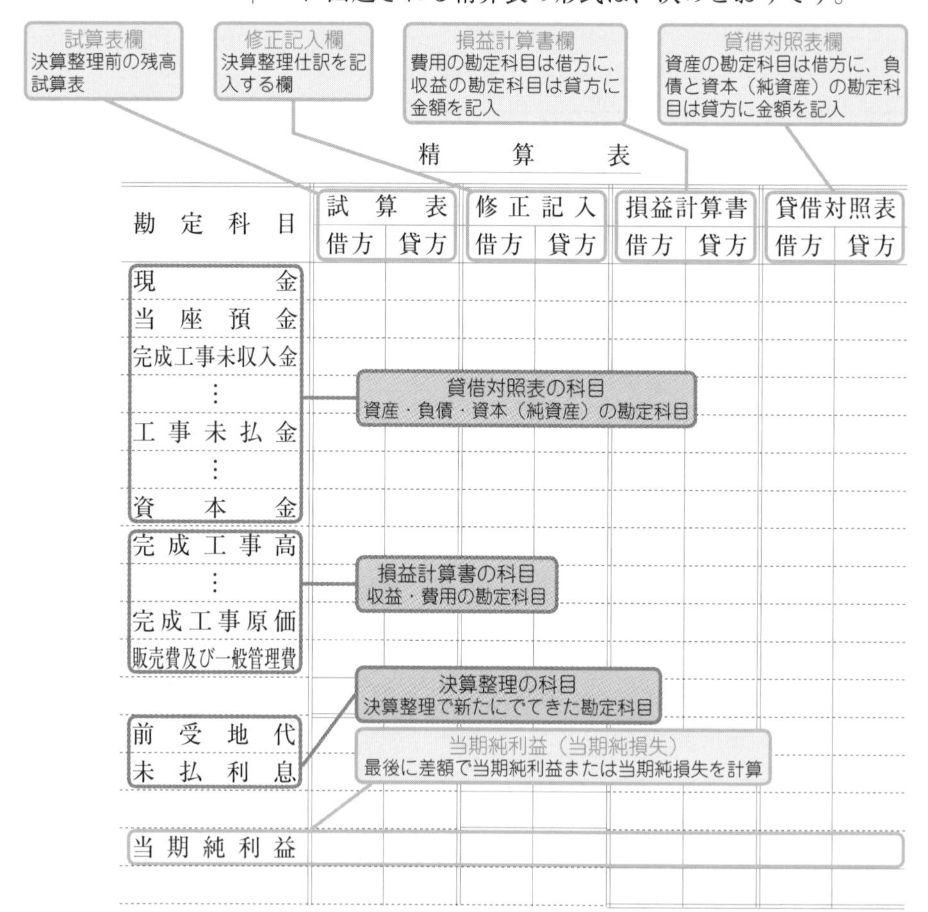

CASE 97 試算表

試算表の作成

あってるか
チェックしよう！
仕訳帳
総勘定元帳

日々の仕訳や転記の際にはまちがえないように注意していますが、取引が増えてくると心配です。
そこで、仕訳や転記ミスをチェックするために、定期的に試算表というものを作ることにしました。

例 2月の取引を転記した総勘定元帳は次のとおりである。

現　金

借方			貸方		
2/1	前月繰越	200	2/26	工事未払金	110
2/25	完成工事未収入金	150			

資　本　金

借方			貸方		
			2/1	前月繰越	250

完成工事未収入金

借方			貸方		
2/1	前月繰越	120	2/25	現金	150
2/6	完成工事高	200			

工事未払金

借方			貸方		
2/18	材料	10	2/1	前月繰越	70
2/26	現金	110	2/3	材料	100
			2/15	材料	80

完成工事高

借方			貸方		
			2/6	完成工事未収入金	200

材　料

借方			貸方		
2/3	工事未払金	100	2/18	工事未払金	10
2/15	工事未払金	80			

※2月1日時点の残高（前月繰越）
現金：200円　完成工事未収入金：120円　工事未払金：70円　資本金：250円

帳簿をもとにもうけや財産を計算するので、帳簿の記入が正しくないといけないのです。

試算表で仕訳や転記が正しいかチェックしよう！

お店は、日々の取引が正確に仕訳されて、総勘定元帳に転記されているかを定期的に確認しなければなりません。

そこで、月末や期末（決算日）において**試算表**という表を作成して、仕訳や転記が正しくされているかどうかを確認します。なお、試算表には**合計試算表**、**残高試算表**、**合計残高試算表**の3種類があります。

合計試算表の作成

合計試算表には、総勘定元帳の勘定口座ごとに**借方合計**と**貸方合計**を集計していきます。

たとえば、CASE97の総勘定元帳の現金勘定を見ると、借方合計は350円（200円+150円）、貸方合計は110円です。

したがって、合計試算表の現金の欄に次のように記入します。

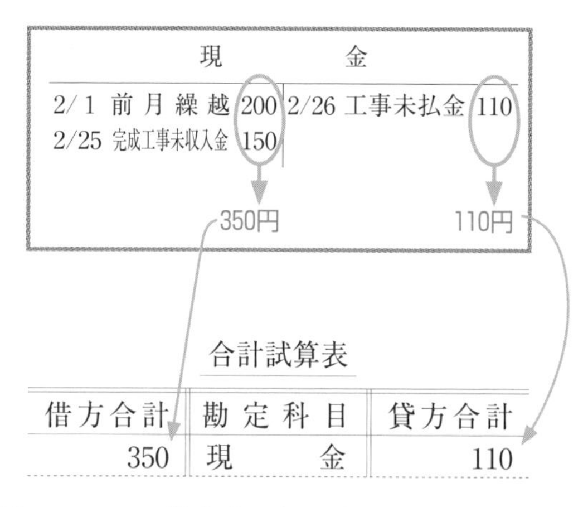

合計試算表

借方合計	勘定科目	貸方合計
350	現　　金	110

同様に、ほかの勘定科目欄をうめていきます。

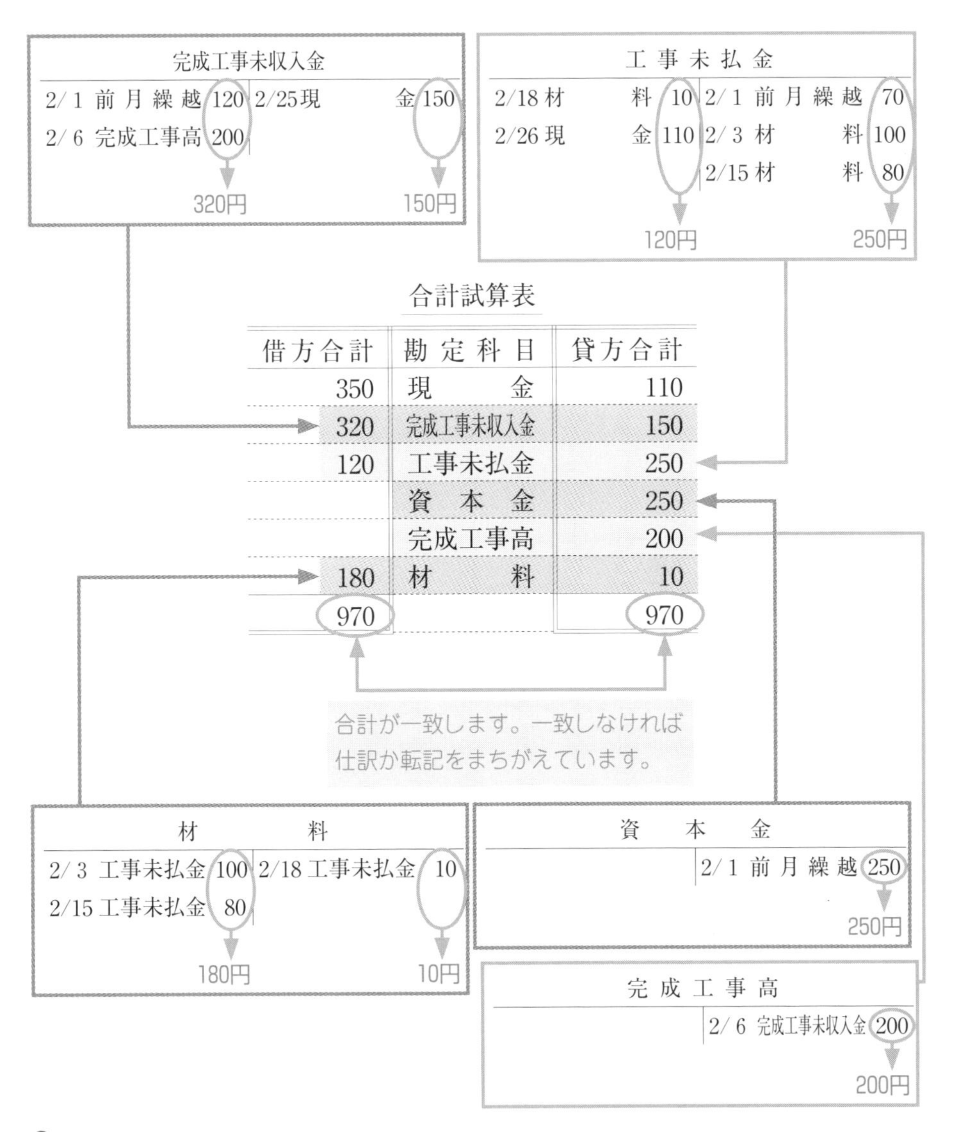

合計試算表

借方合計	勘定科目	貸方合計
350	現金	110
320	完成工事未収入金	150
120	工事未払金	250
	資本金	250
	完成工事高	200
180	材料	10
970		970

残高試算表の作成

残高試算表には、総勘定元帳の勘定口座ごとに**残高**を集計していきます。

たとえば、CASE97の現金勘定の借方合計は350円、貸方合計は110円なので、残高240円（350円－110円）を借方に記入します。

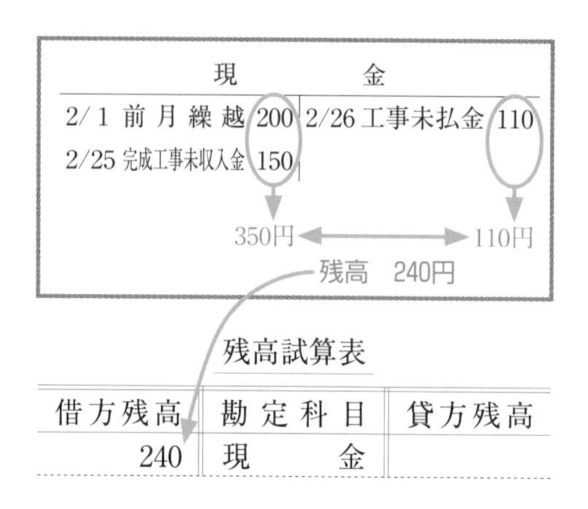

同様に、ほかの勘定科目欄をうめていきます。

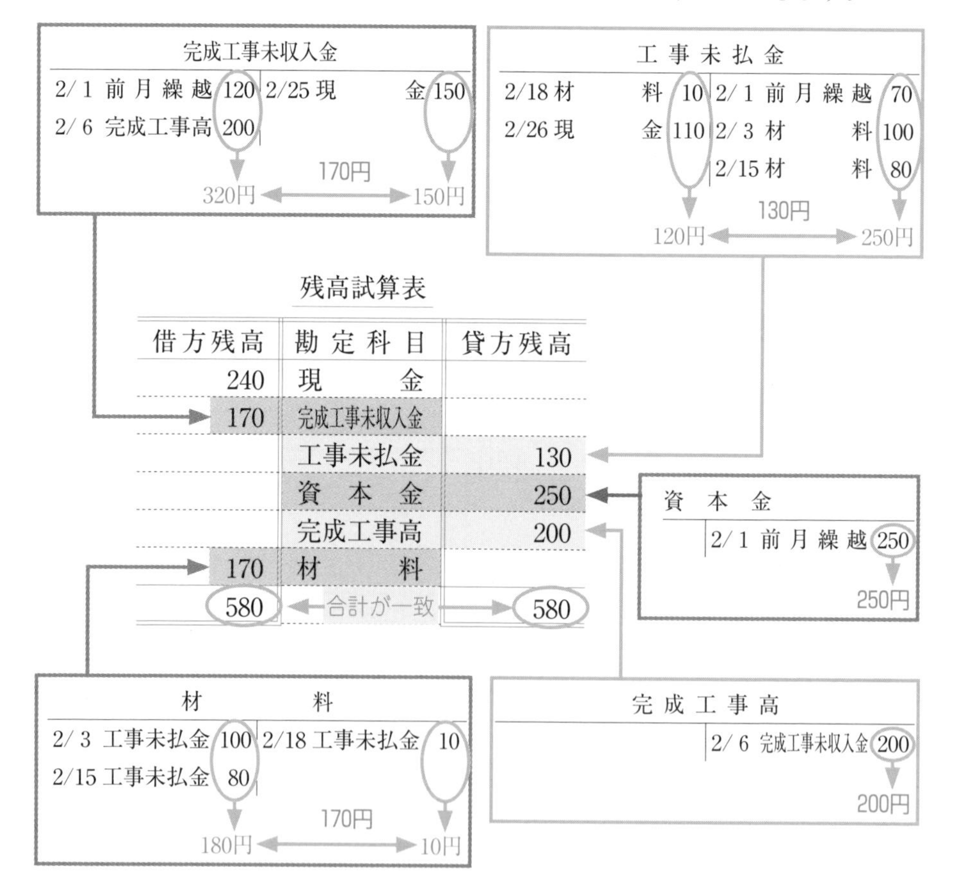

合計残高試算表の作成

合計残高試算表は、合計試算表と残高試算表をあわせた試算表で、次のような形式になっています。

合計残高試算表

借方残高	借方合計	勘定科目	貸方合計	貸方残高
240	350	現金	110	
170	320	完成工事未収入金	150	
	120	工事未払金	250	130
		資本金	250	250
		完成工事高	200	200
170	180	材料	10	
580	970		970	580

合計試算表の記入と同じ

残高試算表の記入と同じ

問題編

問題64、65

CASE 98　精算表

決算整理①　現金過不足の処理

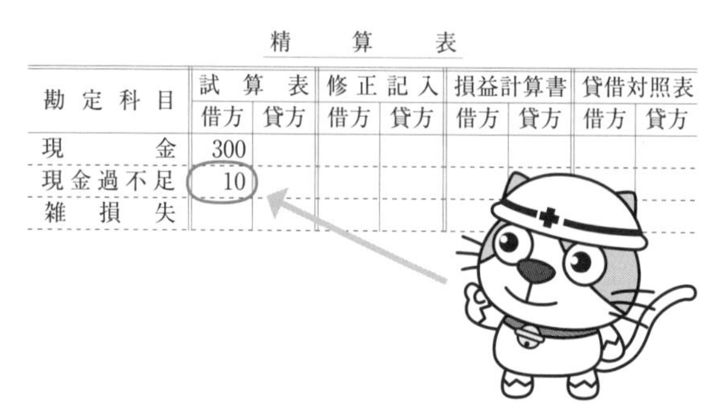

精　算　表

勘定科目	試算表		修正記入		損益計算書		貸借対照表	
	借方	貸方	借方	貸方	借方	貸方	借方	貸方
現　　金	300							
現金過不足	10							
雑　損　失								

ゴエモン建設は決算日（12月31日）をむかえたので、決算整理を行おうとしています。
まずは原因不明の現金過不足の処理ですが、精算表の記入はどのようになるでしょう？

例　決算において、現金過不足（借方）が10円あるが、原因が不明なので、雑損失または雑収入として処理する。

決算整理①　現金過不足の処理

決算において原因が判明しない現金過不足は、**雑損失（費用）または雑収入（収益）として処理**します。

考え方

①現金過不足を減らす（貸方に記入）
②借方があいている → 費用の勘定科目 → 雑損失

CASE98の仕訳

（雑　損　失）	10	（現金過不足）	10

精算表の記入

上記の決算整理仕訳を、精算表の修正記入欄に記入します。

借方が雑損失なので、修正記入欄の借方に10円と記入します。また、貸方が現金過不足なので、現金過不足の**貸方**に10円と記入します。

精　　算　　表

勘定科目	試算表		修正記入		損益計算書		貸借対照表	
	借方	貸方	借方	貸方	借方	貸方	借方	貸方
現　　金	300							
現金過不足	10			10				
雑　損　失			10					

（雑　損　失）　10（現金過不足）　10

修正記入欄に金額を記入したら、試算表欄の金額に修正記入欄の金額を加減して、**収益と費用の勘定科目は損益計算書欄**に、**資産・負債・資本（純資産）の勘定科目は貸借対照表欄**に金額を記入します。

たとえば、**現金（資産）**は試算表欄の**借方**に300円、修正記入欄は0円なので、貸借対照表欄の**借方**に300円と記入します。

現金は資産なので、貸借対照表の借方に記入します。

また、**現金過不足**は試算表欄の**借方**に10円、修正記入欄の**貸方**に10円なので残額0円となり、**記入なし**となります。

そして、**雑損失（費用）**は修正記入欄の**借方**に10円とあるので、損益計算書欄の**借方**に10円と記入します。

雑損失は費用なので、損益計算書の借方に記入します。

CASE98の記入

精　　算　　表

勘定科目	試算表		修正記入		損益計算書		貸借対照表	
	借方	貸方	借方	貸方	借方	貸方	借方	貸方
現　　金	300						300	
現金過不足	10			10	0円になるので、記入なし			
雑　損　失			10		10			

決算整理②　有価証券の評価替え

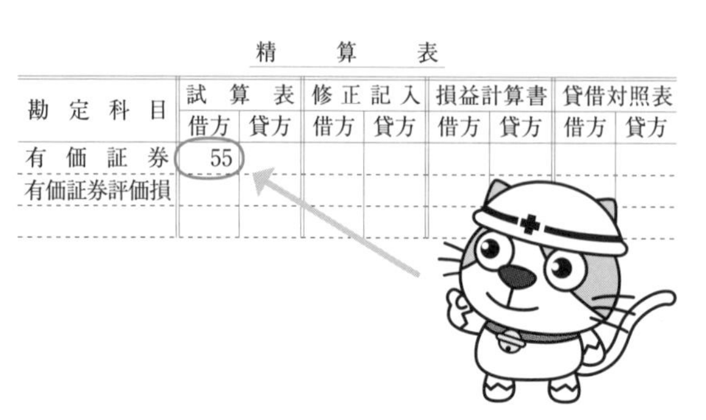

精　算　表

勘定科目	試算表		修正記入		損益計算書		貸借対照表	
	借方	貸方	借方	貸方	借方	貸方	借方	貸方
有価証券	55							
有価証券評価損								

有価証券は、決算において時価に評価替えします。

帳簿価額55円の有価証券を、時価50円に評価替えするときの精算表の記入は、どのようになるでしょう？

例　決算において、有価証券を時価50円に評価替えする。

決算整理②　有価証券の評価替え

決算において、有価証券は**時価に評価替え**します。

考え方

①帳簿価額（55円）を時価（50円）に評価替え
　→ 有価証券が5円減少 → 貸方
②借方が空欄 → 費用の勘定科目 → 有価証券評価損

CASE99の仕訳と記入

（有価証券評価損）　5　（有　価　証　券）　5

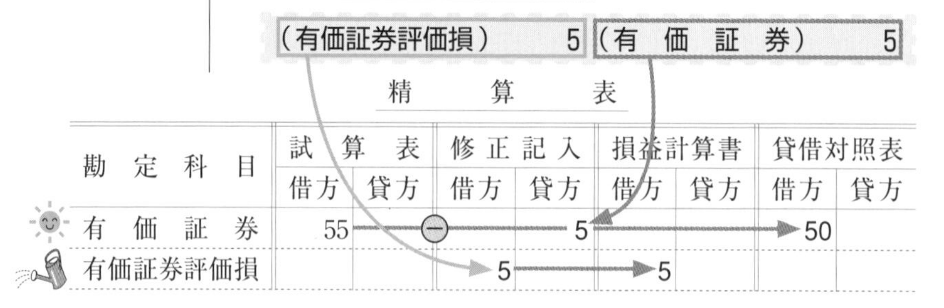

精　算　表

勘定科目	試算表		修正記入		損益計算書		貸借対照表	
	借方	貸方	借方	貸方	借方	貸方	借方	貸方
有価証券	55			5			50	
有価証券評価損			5		5			

CASE 100

精算表

決算整理③　貸倒引当金の設定

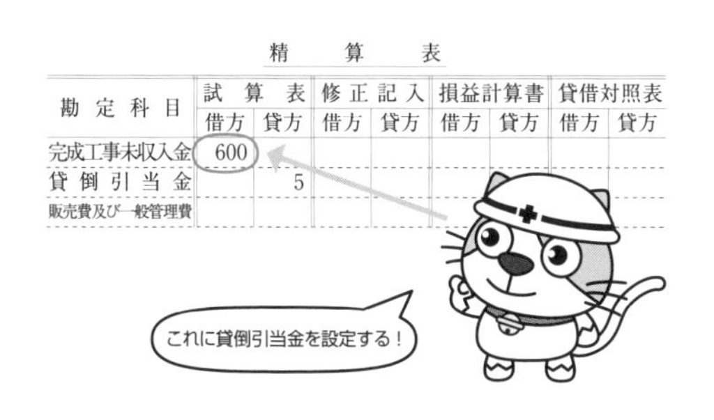

精　算　表

勘定科目	試算表		修正記入		損益計算書		貸借対照表	
	借方	貸方	借方	貸方	借方	貸方	借方	貸方
完成工事未収入金	600							
貸倒引当金		5						
販売費及び一般管理費								

決算において、期末に残っている完成工事未収入金や受取手形には、貸倒引当金を設定します。
このときの精算表の記入はどのようになるでしょう？

例　決算において、完成工事未収入金の期末残高について、2%の貸倒引当金を設定する（差額補充法）。

決算整理③　貸倒引当金の設定

決算において、完成工事未収入金や受取手形の貸倒額を見積り、貸倒引当金を設定します。

考え方

①貸倒引当金の設定額：600円×2%＝12円　試算表欄より
　貸倒引当金期末残高：5円
　追加で計上する貸倒引当金：12円－5円＝7円 → 貸方
②借方 → 販売費及び一般管理費（貸倒引当金繰入額）（費用）

CASE100の仕訳と記入

（販売費及び一般管理費）	7	（貸倒引当金）	7

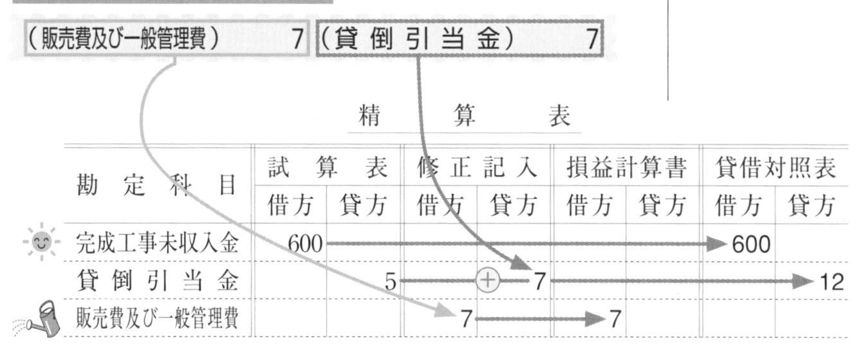

精　算　表

勘定科目	試算表		修正記入		損益計算書		貸借対照表	
	借方	貸方	借方	貸方	借方	貸方	借方	貸方
完成工事未収入金	600						600	
貸倒引当金		5		7				12
販売費及び一般管理費			7		7			

精算表

決算整理④　固定資産の減価償却

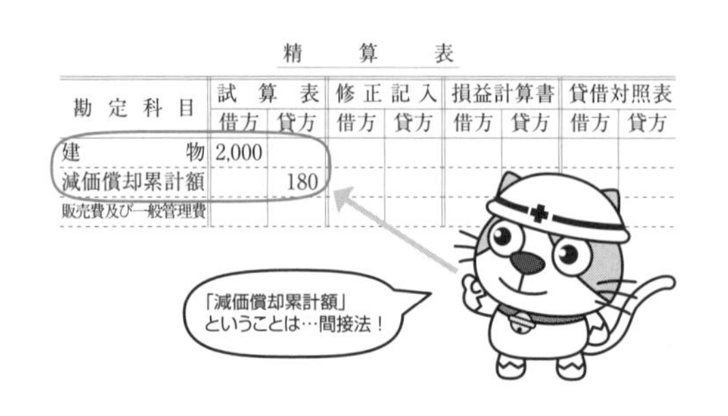

精　算　表

勘定科目	試算表		修正記入		損益計算書		貸借対照表	
	借方	貸方	借方	貸方	借方	貸方	借方	貸方
建　物	2,000							
減価償却累計額		180						
販売費及び一般管理費								

決算において、建物（自店舗で使用しているもの）や備品などの固定資産は、価値の減少分を見積り、減価償却費を計上します。このときの精算表の記入はどのようになるでしょう？

例　決算において、自店舗で使用している建物について定額法（耐用年数30年、残存価額は取得原価の10%）により減価償却を行う。

決算整理④　固定資産の減価償却

決算において、建物や備品などの固定資産は減価償却を行います。なお、CASE101では、精算表の勘定科目欄に「減価償却累計額」があるので、**間接法**で処理しなければならないことがわかります。

考え方

$$\text{減価償却費：}\frac{2{,}000\text{円}-\underbrace{2{,}000\text{円}\times 10\%}_{200\text{円}}}{30\text{年}}=60\text{円}$$

CASE101の仕訳と記入

（販売費及び一般管理費）60　（減価償却累計額）60

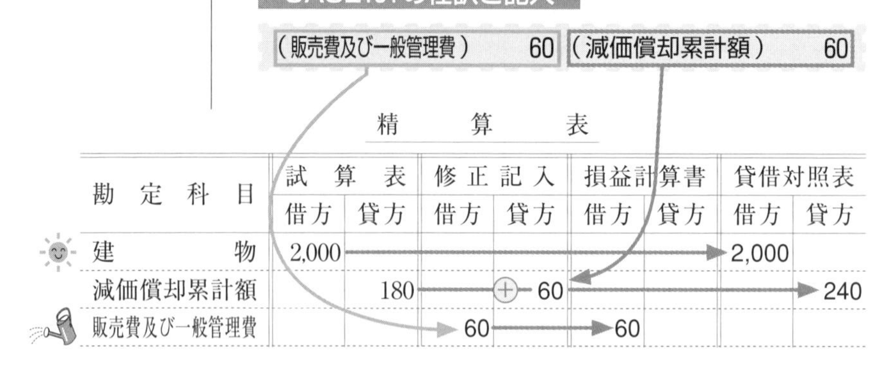

精　算　表

勘定科目	試算表		修正記入		損益計算書		貸借対照表	
	借方	貸方	借方	貸方	借方	貸方	借方	貸方
建　物	2,000						2,000	
減価償却累計額		180		⊕ 60				240
販売費及び一般管理費			60		60			

CASE 102 精算表

決算整理⑤　費用・収益の繰延べと見越し

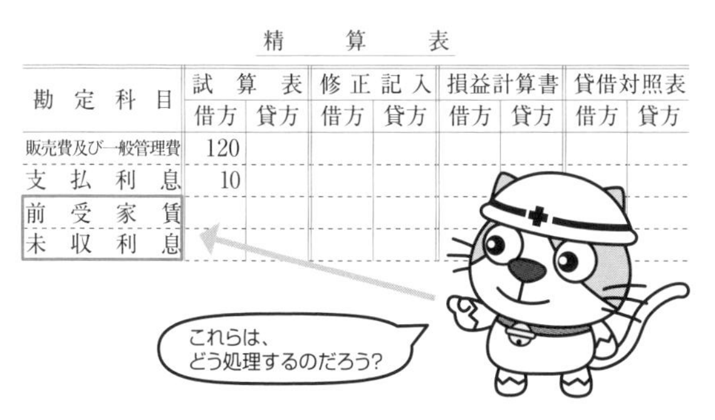

精　算　表

勘定科目	試算表		修正記入		損益計算書		貸借対照表	
	借方	貸方	借方	貸方	借方	貸方	借方	貸方
販売費及び一般管理費	120							
支払利息	10							
前受家賃								
未収利息								

決算において、費用や収益の繰延べや見越しを行います。
このときの精算表の記入はどのようになるでしょう？

例　決算において、支払家賃のうち70円を繰り延べる。また、支払利息の未払分4円を見越計上する。

決算整理⑤　費用・収益の繰延べと見越し

決算において、費用・収益の繰延べや見越しの処理をします。

繰延べとは、当期に支払った費用（または当期に受け取った収益）のうち、次期分を当期の費用（または収益）から差し引くことをいいます。また、見越しとは、当期の費用（または収益）にもかかわらず、まだ支払っていない（または受け取っていない）分を、当期の費用（または収益）として処理することをいいます。

したがってCASE102の、費用の繰延べと見越しの決算整理仕訳と精算表への記入は、次のようになります。

考え方

(1) 販売費及び一般管理費（支払家賃）の繰延べ

①支払家賃（費用）を繰り延べる
→ 支払家賃 の取り消し → 貸方

②次期の家賃の前払い → 前払家賃 → 借方

(2) 支払利息の見越し

①支払利息（費用）を見越計上する
→ 支払利息 の発生 → 借方

②当期の利息の未払い → 未払利息 → 貸方

CASE102の仕訳と記入

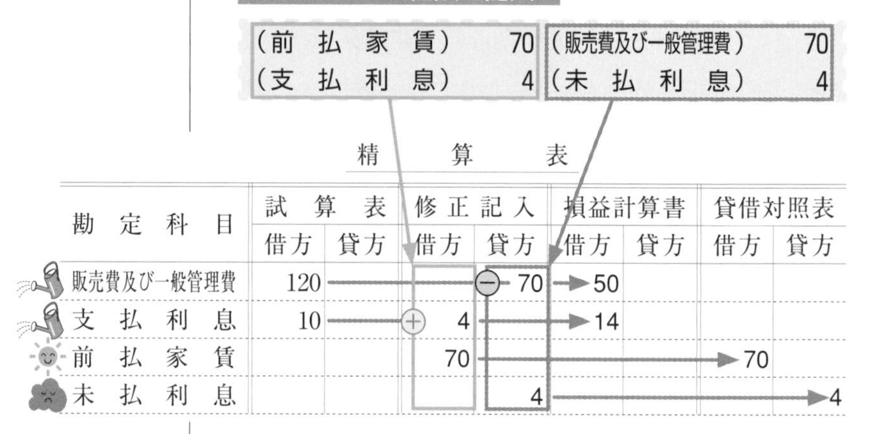

借方		貸方	
（前払家賃）	70	（販売費及び一般管理費）	70
（支払利息）	4	（未払利息）	4

精　算　表

勘定科目	試算表		修正記入		損益計算書		貸借対照表	
	借方	貸方	借方	貸方	借方	貸方	借方	貸方
販売費及び一般管理費	120			⊖ 70	50			
支払利息	10		⊕ 4		14			
前払家賃			70				70	
未払利息				4				4

なお、収益の繰延べと見越しの記入例（地代180円の繰延べと利息4円の見越し）は次のとおりです。

借方		貸方	
（受取地代）	180	（前受地代）	180
（未収利息）	4	（受取利息）	4

精　算　表

勘定科目	試算表		修正記入		損益計算書		貸借対照表	
	借方	貸方	借方	貸方	借方	貸方	借方	貸方
受取地代		240	⊖ 180			60		
受取利息		22		⊕ 4		26		
前受地代				180				180
未収利息			4				4	

CASE 103 精算表

決算整理⑥ 完成工事原価の算定

精 算 表

勘定科目	試算表		修正記入		損益計算書		貸借対照表	
	借方	貸方	借方	貸方	借方	貸方	借方	貸方
未成工事支出金	800							
完成工事高		1,800						
完成工事原価								

800円かかったけど、
完成したものは700円か。

当期から営業を開始したゴエモン建設。当期に工事に要した原価は800円ですが、このうち700円が完成し、引き渡しています。
このときの決算整理仕訳と精算表の記入はどのようになるでしょう？

例 ゴエモン建設の当期に完成し、引き渡した工事原価は700円である。そこで、必要な決算整理仕訳を示しなさい。

決算整理⑥ 完成工事原価の算定

工事のために消費した原価はすべて未成工事支出金として計上されています。このうち完成し、引き渡した分については費用として計上しなければいけません。そのため完成した工事の原価は完成工事原価（費用）として処理します。

CASE103の仕訳

（完成工事原価） 700（未成工事支出金） 700

精算表の記入

上記の決算整理仕訳を、精算表の修正記入欄に記入し、損益計算書欄と貸借対照表欄をうめます。

CASE103の記入

精　算　表

勘定科目	試算表		修正記入		損益計算書		貸借対照表	
	借方	貸方	借方	貸方	借方	貸方	借方	貸方
未成工事支出金	800			㊀700			100	
完成工事高		1,800				1,800		
完成工事原価			700		700			

期末未成工事支出金原価

完成工事原価

（完成工事原価）　700　（未成工事支出金）　700

CASE 104 精算表

当期純利益または当期純損失の計上

精　算　表

勘定科目	試算表		修正記入		損益計算書		貸借対照表	
	借方	貸方	借方	貸方	借方	貸方	借方	貸方
：								
仮　計								
当期純利益								

ここがまだあいているニャ。

決算整理を精算表に記入し終わったゴエモン君。でも、その精算表にはまだあいている箇所があります。ここでは、決算整理以外の精算表の記入をみていきましょう。

当期純利益（または純損失）の計算

決算整理をして、精算表の修正記入欄、損益計算書欄、貸借対照表欄をうめたら、最後に**当期純利益**（または**当期純損失**）を計算します。

工事未払金や資本金など決算整理のない勘定科目については、試算表の金額をそのまま損益計算書欄または貸借対照表欄に記入します。

当期純利益（または当期純損失）は、損益計算書の収益から費用を差し引いて計算します。ここで、収益が費用よりも多ければ**当期純利益（損益計算書欄の借方に記入）**となり、収益が費用よりも少なければ**当期純損失（損益計算書欄の貸方に記入）**となります。

損益計算書	
費　用	収　益
当期純利益	

損益計算書	
費　用	収　益
	当期純損失

そして、損益計算書欄で計算した当期純利益（または当期純損失）を**貸借を逆にして貸借対照表欄に記入**します。したがって、**当期純利益**（損益計算書欄の**借方**に記入）ならば、貸借対照表欄の**貸方**に記入し、**当期純損失**（損益計算書欄の**貸方**に記入）ならば、貸借対照表欄の**借方**に記入します。

当期純利益（当期純損失）は貸借対照表欄の貸借差額で計算することもできます。

精　算　表

勘定科目	試算表		修正記入		損益計算書		貸借対照表	
	借方	貸方	借方	貸方	借方	貸方	借方	貸方
現金	300						300	
完成工事未収入金	600						600	
未成工事支出金	800		350	100			1,050	
建物	2,000						2,000	
工事未払金		795		300				1,095
貸倒引当金		5		7				12
減価償却累計額		180		60				240
資本金		1,700						1,700
完成工事高		1,800				1,800		
受取地代		240	180			60		
完成工事原価	900		100	50	950			
販売費及び一般管理費	120		67	70	117			
	4,720	4,720						
前払家賃			70				70	
前受地代				180				180
仮計			767	767	1,067	1,860	4,020	3,227
当期（純利益）					793			793
					1,860	1,860	4,020	4,020

費用合計 1,067円

収益合計 1,860円

各欄の借方合計と貸方合計は必ず一致します。

当期純利益（当期純損失）
収益合計－費用合計で計算します。
1,860円－1,067円＝793円
収益＞費用→当期純利益（借方）
収益＜費用→当期純損失（貸方）

損益計算書の金額を貸借逆にして記入します。

なお、試験では通常、修正記入欄や金額を移動するだけの勘定科目（資本金など）には配点はありません。ですから、修正記入欄を全部うめてから損益計算書欄や貸借対照表欄をうめるのではなく、ひとつの決算整理仕訳をしたら、その勘定科目の損益計算書欄または貸借対照表欄までうめていくほうが、途中で時間がなくなっても確実に得点できます。

問題編
問題66

CASE 105 財務諸表の作成

財務諸表の作成

精算表も作ったし、あとは損益計算書と貸借対照表を作って帳簿を締めるだけ。
ここでは、損益計算書と貸借対照表の形式をみておきましょう。

損益計算書

損益計算書は、一会計期間の収益と費用から当期純利益（または当期純損失）を計算した書類で、お店の経営成績（いくらもうけたのか）を表します。

損益計算書（勘定式）

ゴエモン建設　自×1年1月1日　至×1年12月31日　（単位：円）

費用	金額	収益	金額
完成工事原価	700	完成工事高	1,000
減価償却費	80	受取利息	20
貸倒引当金繰入額	40		
支払利息	20		
当期純利益	180		
	1,020		1,020

貸借対照表

貸借対照表は、決算日における資産、負債、資本（純資産）の状況を記載した書類で、お店の財政状態（財産がいくらあるのか）を表します。

貸倒引当金は完成工事未収入金から差し引く形で記入。

貸借対照表

ゴエモン建設　×1年12月31日　(単位：円)

資産	金額	負債・純資産	金額
現金	300	工事未払金	278
完成工事未収入金	300	前受収益	10
貸倒引当金	12　288	資本金	500
有価証券	70	当期純利益	180
材料	50		
備品	500		
減価償却累計額	240　260		
	968		968

損益計算書の当期純利益（または当期純損失）を記入。

減価償却累計額は備品から差し引く形で記入。

借方合計と貸方合計は必ず一致します。

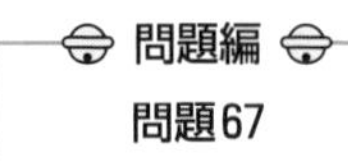

第18章
帳簿の締め切り

損益計算書と貸借対照表も作ったし…
あとは帳簿を締めて当期の処理はおしまい！

ここでは、帳簿の締め切りについてみていきましょう。

CASE 106 帳簿の締め切り

帳簿を締め切る、とは?

決算整理も終わって、当期の処理もいよいよ大詰め。
帳簿への記入が全部終わったら、最後に帳簿(勘定)を締め切るという作業があります。

帳簿の締め切り

帳簿には当期の取引と決算整理が記入されていますが、次期になると次期の取引や決算整理が記入されていきます。

したがって、当期の記入と次期の記入を区別しておく必要があり、次期の帳簿記入に備えて、帳簿(総勘定元帳)の各勘定を整理しておきます。この手続きを**帳簿の締め切り**といいます。

帳簿の締め切りは4ステップ!

実際の締め切り方はCASE107以降で説明します。

帳簿の締め切りは、次の4つのステップで行います。

Step 1 収益・費用の各勘定残高の損益勘定への振り替え ▶ Step 2 当期純利益(または当期純損失)の資本金勘定への振り替え

▶ Step 3 各勘定の締め切り ▶ Step 4 繰越試算表の作成

帳簿の締め切り

収益・費用の各勘定残高の損益勘定への振り替え

帳簿の締め切りの第1ステップは、収益・費用の各勘定残高を損益勘定へ振り替えることです。

例 決算整理後の収益と費用の諸勘定の残高は、次のとおりである。

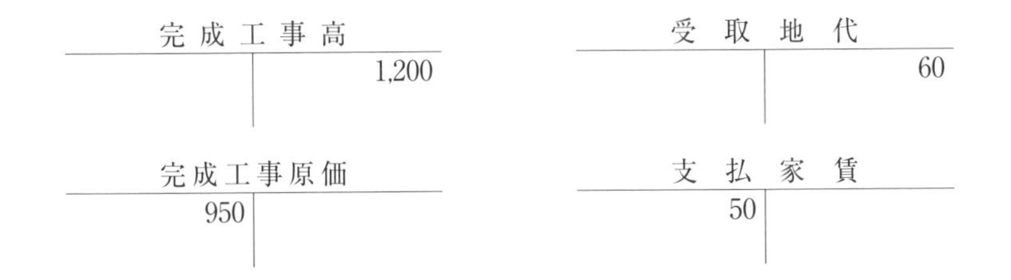

完成工事高

	1,200

受取地代

	60

完成工事原価

950	

支払家賃

50	

収益、費用の各勘定残高を損益勘定に振り替える!

帳簿の締め切りは、まず、収益、費用の勘定から行います。

帳簿に記入されている収益と費用の金額は、当期の収益または費用の金額なので、次期には関係ありません。そこで、収益と費用の各勘定に残っている金額が**ゼロになるように整理**します。

たとえば、CASE107では、完成工事高（収益）勘定の貸方に1,200円の残高がありますので、これをゼロにするためには、借方に1,200円を記入することになります。

（完成工事高）1,200（　　　　　　）

そして、貸方は**損益**という新たな勘定科目で処理します。

CASE107の売上勘定の振替仕訳

（完成工事高）1,200（損　　　　益）1,200

この仕訳は、帳簿上に損益という勘定を設けて、完成工事高勘定から損益勘定に振り替えたことを意味します。

同様に、受取地代（収益）の勘定残高も損益勘定に振り替えます。

CASE107の受取地代勘定の振替仕訳

（受　取　地　代）　60（損　　　　益）　60

このように、収益の各勘定残高を損益勘定の貸方に振り替えることにより、収益の各勘定残高をゼロにします。

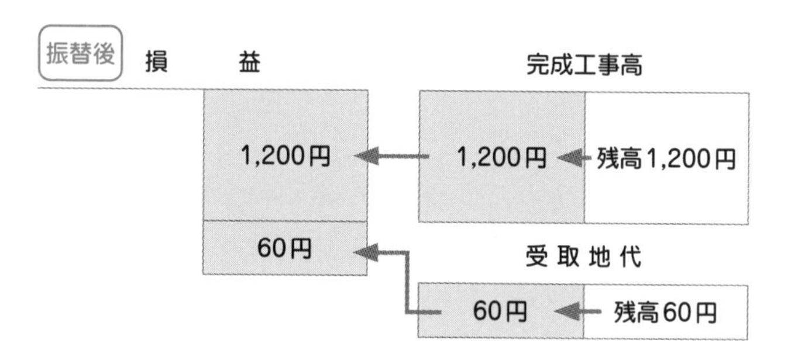

同様に、費用の各勘定残高を損益勘定の借方に振り替えることにより、費用の各勘定残高をゼロにします。

CASE107の費用の振替仕訳

(損	益)	950	(完成工事原価)	950
(損	益)	50	(支払家賃)	50

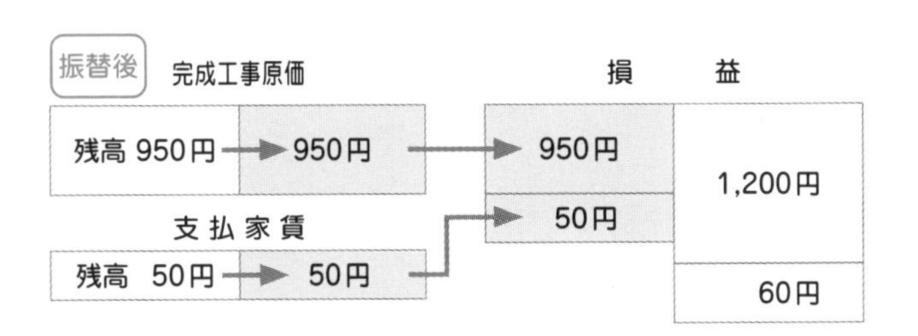

収益や費用の各勘定残高を損益勘定に振り替えると損益勘定に貸借差額が生じます。この差額は、収益の合計額と費用の合計額との差額なので、**当期純利益**（または**当期純損失**）です。

収益や費用を損益勘定に振り替えることを、損益振替といいます。

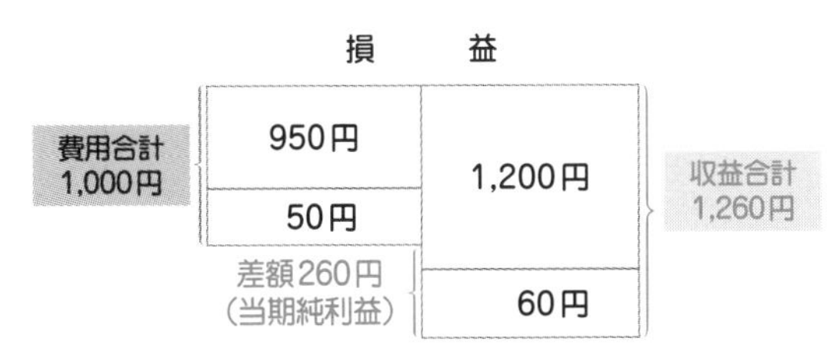

※　費用合計は完成工事原価950円と支払家賃50円の合計

このように、損益振替によって、帳簿上で当期純利益（または当期純損失）が計算されます。

CASE 108

帳簿の締め切り

当期純利益または当期純損失の資本金勘定への振り替え

損益勘定で計算された当期純利益は資本金勘定へ振り替えます。
ここでは、帳簿の締め切りの第2ステップ、当期純利益（または当期純損失）の資本金勘定への振り替えについてみてみましょう。

例 収益・費用の各勘定残高を振り替えたあとの損益勘定は、次のとおりである。当期純利益を資本金勘定に振り替えなさい。

損　　益

借方		貸方	
完成工事原価	950	完成工事高	1,200
支払家賃	50	受取地代	60
当期純利益	260		

資　本　金

借方		貸方	
			1,000

当期純利益は資本金勘定の貸方に振り替える！

当期純利益は、お店の活動によってもうけが生じている状態を意味しています。

お店はこのもうけを元手として次期以降も営業していくことができるので、**当期純利益は、資本金の増加として損益勘定から資本金勘定の貸方に振り替えます。**

当期純利益（または当期純損失）を資本金勘定に振り替えることを、資本振替といいます。

CASE108の振替仕訳

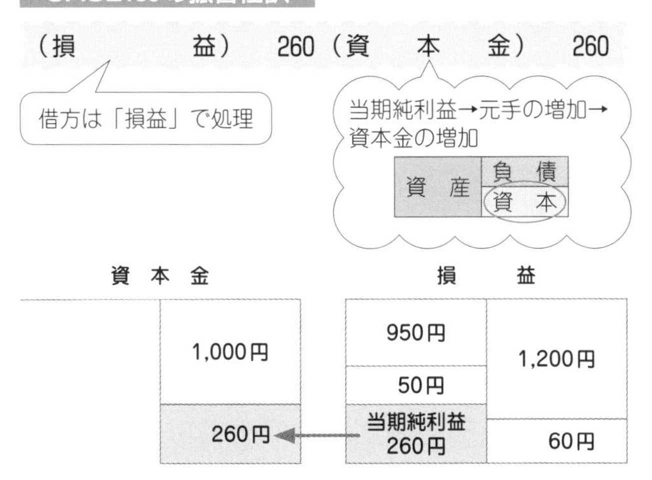

当期純損失は資本金勘定の借方に振り替える！

当期純利益はお店の元手が増えている状態ですが、当期純損失は元手が減ってしまっている状態です。

したがって、**当期純損失は資本金の減少として、損益勘定から資本金勘定の借方に振り替えます。**

したがって、仮に当期純損失が200円であったとした場合の振替仕訳は次のとおりです。

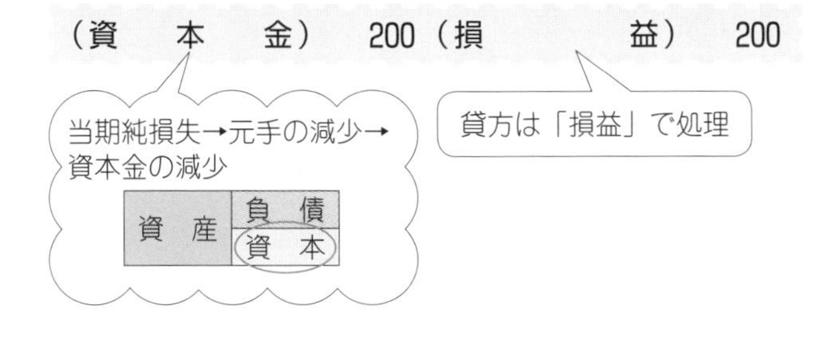

各勘定の締め切り

そして第3ステップ！
終わりがみえてきたぞ！

帳簿の締め切りの第3ステップは収益・費用・資産・負債・資本（純資産）の各勘定の締め切りです。
収益・費用と資産・負債・資本（純資産）では締め切り方が少し違うのでご注意を！

例 決算整理後の諸勘定の残高（一部）は次のとおりである。各勘定を締め切りなさい。

完成工事高

損　　益	1,200		1,200

完成工事原価

	950	損　　益	950

現　　金

	1,000		

資　本　金

			1,000
		損　　益	260

損　　益

完成工事原価	950	完成工事高	1,200
支払家賃	50	受取地代	60
資　本　金	260		

工事未払金

			700

※支払家賃勘定、受取地代勘定は省略

収益・費用の諸勘定の締め切り

収益と費用の各勘定残高は損益勘定に振り替えられているので、各勘定の借方合計と貸方合計は一致しています。

そこで、各勘定の借方合計と貸方合計が一致していることを確認して、二重線を引いて締め切ります。

CASE109の収益・費用の締め切り

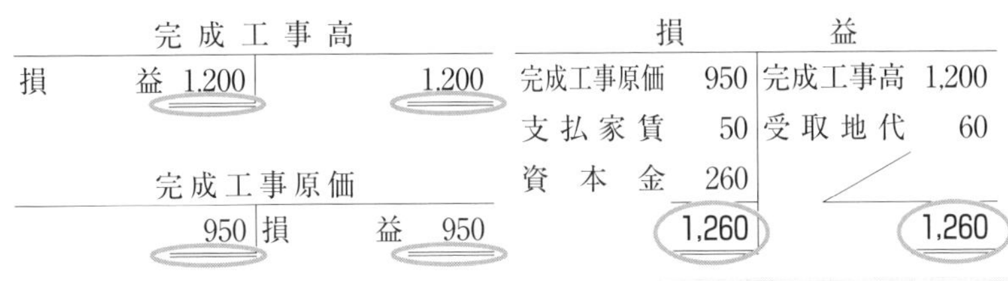

合計額を記入して締め切る

資産・負債・資本（純資産）の諸勘定の締め切り

資産、負債、資本（純資産）の各勘定のうち、期末残高があるものはこれを次期に繰り越します。したがって、借方または貸方に「**次期繰越**」と金額を赤字で記入し、借方合計と貸方合計を一致させてから締め切ります。

試験では黒字で記入してかまいません。

現　金

借方		貸方	
	1,000	次期繰越	1,000

借方合計と貸方合計を一致させてから締め切る

そして、締め切ったあと、「次期繰越」と記入した側の逆側に「**前期繰越**」と金額を記入します。

現　金

借方		貸方	
	1,000	次期繰越	1,000
前期繰越	1,000		

二重線から上が当期の記入

二重線から下が次期の記入

CASE109の資産・負債・資本(純資産)の締め切り

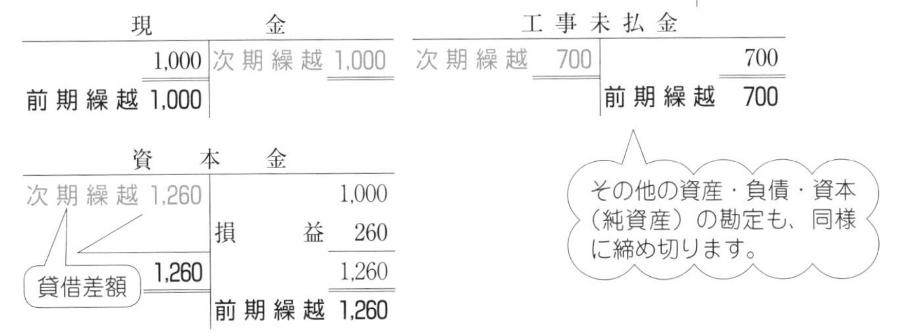

繰越試算表の作成

帳簿の締め切りの最後、第4ステップは繰越試算表の作成です。
「繰越」ということばから、「資産・負債・資本（純資産）の次期繰越額の一覧だな」と予想できますね。

例 次の各勘定の記入にもとづいて、繰越試算表を作成しなさい。

現　金

	1,000	次期繰越	1,000
前期繰越	1,000		

完成工事未収入金

	960	次期繰越	960
前期繰越	960		

建　物

	1,500	次期繰越	1,500
前期繰越	1,500		

工事未払金

次期繰越	700		700
		前期繰越	700

資本金

次期繰越	2,760		2,500
		損　益	260
	2,760		2,760
		前期繰越	2,760

繰越試算表の作成

資産、負債、資本（純資産）の期末残高は次期に繰り越します。

そこで、次期に繰り越した金額が正しいかをチェックするために、**繰越試算表**（くりこししさんひょう）という資産、負債、資本

（純資産）の各勘定の次期繰越額を表す表を作成します。

CASE110の各勘定より繰越試算表を作成すると、次のようになります。

CASE110の繰越試算表

各勘定の次期繰越額を記入するだけです。

繰越試算表
×1年12月31日

借　方	勘定科目	貸　方
1,000	現　金	
960	完成工事未収入金	
1,500	建　物	
	工事未払金	700
	資本金	2,760
3,460		3,460

試算表なので、借方合計と貸方合計は必ず一致します。一致しなかったら勘定を締め切る際にミスをしているということになります。

これで当期の処理はおしまい。
次期もがんばろー！

問題編
問題68、69

第19章

伝票制度

取引は仕訳帳に仕訳…しなくてもいいんだって？
仕訳帳の代わりになる便利な紙片が大活躍。

ここでは、伝票制度についてみていきましょう。

CASE 111 三伝票制

三伝票制

いままでは日々の取引を仕訳帳に記入していましたが、取引が増えるにしたがって、記帳の手間も増えてしまいました。
この記帳の手間をなんとかしたいと思ったゴエモン君。調べてみたら、伝票というものを使うとよさそうだということがわかりました。

伝票は記帳作業の強い味方！

これまで、取引が発生したら仕訳帳に仕訳することを前提に説明してきましたが、仕訳帳は1冊のノートのようなものなので、取引が多くなっても手分けして記帳することができず、少々不便です。

伝票は仕訳帳の代わりになります。

そこで、小さなサイズで、また切り離すこともできる**伝票**（でんぴょう）という紙片を仕訳帳に代えて使うことがあります。

伝票には、入金取引を記入する**入金伝票**（にゅうきんでんぴょう）、出金取引を記入する**出金伝票**（しゅっきんでんぴょう）などいくつかの種類があるので、取引の種類ごとに記帳作業を数人で手分けして行うことができるのです。

入金取引は、仕訳の借方が現金となる取引、出金取引は貸方が現金となる取引です。

三伝票制

伝票制度には、いろいろありますが、3級で学習するのは三伝票制という方法です。

三伝票制とは、**入金伝票**（入金取引を記入）、**出金伝票**（出金取引を記入）、**振替伝票**（ふりかえでんぴょう）（入金取引にも出金取引にも該当しない取引を記入）の3種類の伝票に記入（**起票**といいます）する方法をいいます。

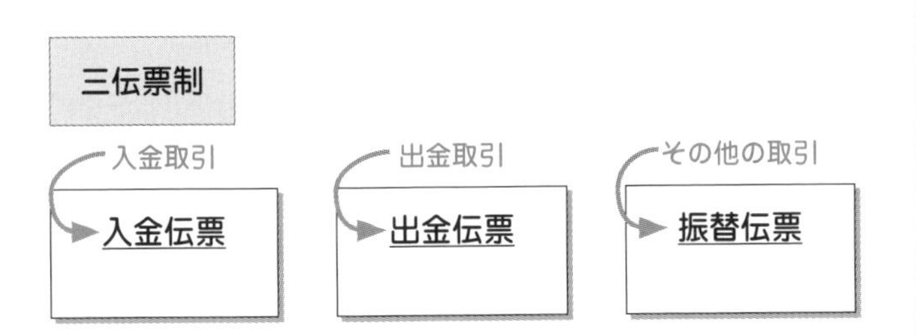

CASE 112 三伝票制

入金伝票の起票

入金伝票 ×1年10月6日	
科目	金額

ゴエモン建設は完成工事未収入金100円を現金で受け取りました。
この取引は入金取引なので、入金伝票に記入しますが、どのように記入したらよいでしょうか。

入金伝票に記入してみよう！

取引 10月6日 ゴエモン建設は、完成工事未収入金100円を現金で受け取った。なお、ゴエモン建設は三伝票制を採用している。

ここまでの知識で仕訳をうめると…

(現　　金)	100	(完成工事未収入金)	100

入金取引→入金伝票

入金伝票を起票しよう！

入金伝票には入金取引が記入されます。したがって、**入金伝票の借方は「現金」と決まっています**ので、科目欄に仕訳の相手科目を記入し、金額欄に金額を記入します。

CASE112の起票

入金伝票 ←借方「現金」 ×1年10月6日	
科目	金額
完成工事未収入金	100

相手科目を記入→（完成工事未収入金）

CASE 113 三伝票制

出金伝票の起票

出金伝票 ×1年10月9日	
科　目	金　額

ゴエモン建設は工事未払金100円を現金で支払いました。
この取引は出金取引なので、出金伝票に記入しますが、どのように記入したらよいでしょうか。

次は出金伝票だ！

取引 10月9日 ゴエモン建設は、工事未払金100円を現金で支払った。なお、ゴエモン建設は三伝票制を採用している。

ここまででの知識で仕訳をうめると…

(工事未払金)	100	(現　　　金)	100

出金取引→出金伝票

出金伝票を起票しよう！

出金伝票には出金取引が記入されます。したがって、**出金伝票の貸方は「現金」と決まっています**ので、科目欄に仕訳の相手科目を記入し、金額欄に金額を記入します。

CASE113の起票

出金伝票 ←貸方「現金」 ×1年10月9日	
科　目	金　額
工事未払金	100

相手科目を記入→工事未払金

CASE 114 三伝票制

振替伝票の起票

振替伝票 ×1年10月12日			
借方科目	金　額	貸方科目	金　額

ゴエモン建設は請け負った建物100円を売り上げ、代金は掛けとしました。この取引は入金取引でも出金取引でもない取引なので、振替伝票に記入しますが、どのように記入したらよいでしょうか。

取引 10月12日　ゴエモン建設は、請け負った建物100円を売り上げ、代金は掛けとした。なお、ゴエモン建設は三伝票制を採用している。

ここまでの知識で仕訳をうめると…

（完成工事未収入金）　100（完 成 工 事 高）　100

入金取引でも出金取引でもない取引 → 振替伝票

振替伝票を起票しよう！

三伝票制の場合、振替伝票には入金取引でも出金取引でもない取引が記入されます。したがって、仕訳の借方または貸方の勘定科目が決まっているわけではないので、入金伝票や出金伝票とは異なり、仕訳の形で記入します。

CASE114の起票

振替伝票 ×1年10月12日			
借方科目	金　額	貸方科目	金　額
完成工事未収入金	100	完成工事高	100

仕訳の形で記入

CASE 115 三伝票制

一部現金取引の起票

ゴエモン建設は材料100円を仕入れて、60円は現金で支払い、残りの40円は掛けとしました。
この取引のように、出金取引（または入金取引）とその他の取引が混在している場合はどのように記入したらよいでしょうか？

取引 10月19日　ゴエモン建設は、材料100円を仕入れ、代金のうち60円は現金で支払い、残額は掛けとした。なお、ゴエモン建設は三伝票制を採用している。

ここまでの知識で仕訳をうめると…

（材　　　料）	100	（現　　　金）	60
		（工事未払金）	40

一部現金取引を起票しよう！

CASE115のように、取引の中には、現金（入金・出金）取引とそれ以外の取引が混在しているもの（**一部現金取引**（いちぶげんきんとりひき）といいます）があります。

このような一部現金取引の起票方法には、①**取引を分解して起票する方法**と、②**2つの取引が同時にあったと考えて起票する方法**があります。

取引を分解して起票する方法

CASE115の取引は、「材料60円を仕入れ、現金で支払った」という**出金取引**と「材料40円を仕入れ、掛けとした」という**その他の取引**の2つに分解することができます。

したがって、前者は**出金伝票**に後者は**振替伝票**に記入します。

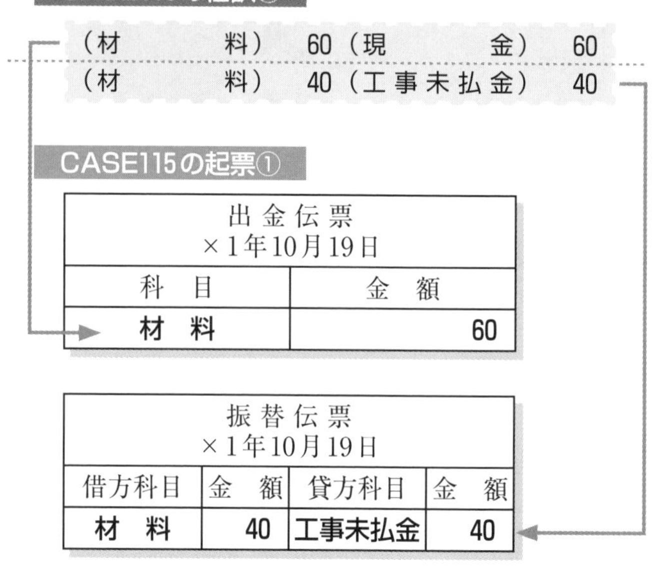

2つの取引が同時にあったと考えて起票する方法

CASE115の取引は、「材料100円を掛けで仕入れた」あとに「工事未払金のうち60円をただちに現金で支払った」と考えても、仕訳は同じになります。

①材料100円を掛けで仕入れたときの仕訳

(材　　　　料)	100	(工 事 未 払 金)	100

＋

②工事未払金のうち60円をただちに現金で支払ったときの仕訳

(工 事 未 払 金)	60	(現　　　　金)	60

↓

CASE115の仕訳②

(材　　　　料)	100	(現　　　　金)	60
		(工 事 未 払 金)	40

したがって、「材料100円を仕入れ、代金は掛けとした」という**その他の取引**を**振替伝票**に記入し、「工事未払金のうち60円をただちに現金で支払った」という**出金取引**を**出金伝票**に記入します。

CASE115の起票②

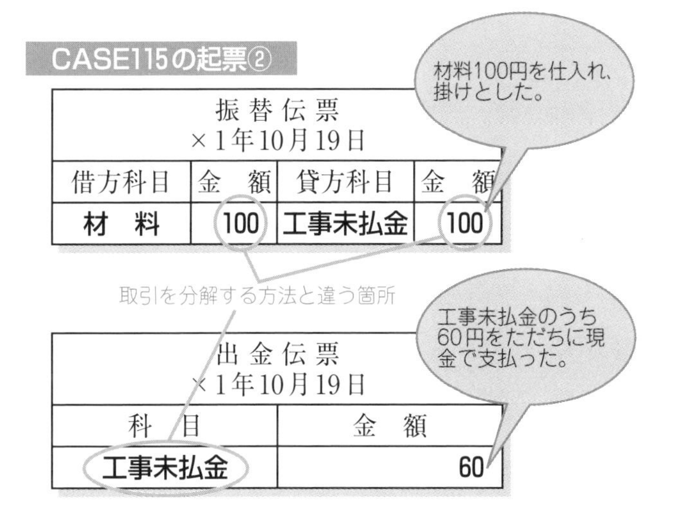

振替伝票
×1年10月19日

借方科目	金　額	貸方科目	金　額
材　料	100	**工事未払金**	100

出金伝票
×1年10月19日

科　目	金　額
工事未払金	60

材料100円を仕入れ、掛けとした。
取引を分解する方法と違う箇所
工事未払金のうち60円をただちに現金で支払った。

問題編
問題70

問題編

論点別問題編

問　題

マークの意味

基本 応用 …基本的な問題

基本 応用 …応用的な問題

解答用紙あり …解答用紙がある問題

別冊の解答用紙をご利用ください。
※仕訳問題の解答用紙が必要な方は、仕訳シート（別冊内）をご利用ください。

第１章　簿記の基礎

問題 1　仕訳の基本　解答用紙あり

解答…P.32　基本 応用

次の各要素の増減は仕訳において借方（左側）と貸方（右側）のどちらに記入されるか、借方（左側）または貸方（右側）に○をつけなさい。

(1)	資産の増加	借方（左側）・貸方（右側）
(2)	資産の減少	借方（左側）・貸方（右側）
(3)	負債の増加	借方（左側）・貸方（右側）
(4)	負債の減少	借方（左側）・貸方（右側）
(5)	資本（純資産）の増加	借方（左側）・貸方（右側）
(6)	資本（純資産）の減少	借方（左側）・貸方（右側）
(7)	収益の増加（発生）	借方（左側）・貸方（右側）
(8)	収益の減少（消滅）	借方（左側）・貸方（右側）
(9)	費用の増加（発生）	借方（左側）・貸方（右側）
(10)	費用の減少（消滅）	借方（左側）・貸方（右側）

問題 2　転　記　解答用紙あり

解答…P.32　基本 応用

次の各取引を総勘定元帳（略式）に転記しなさい。なお、日付と相手科目についても記入すること。

4月5日	（材　料）	300	（工事未払金）	300
4月8日	（現　金）	200	（完成工事高）	600
	（完成工事未収入金）	400		
4月15日	（工事未払金）	150	（現　金）	150
4月20日	（現　金）	350	（完成工事未収入金）	350

第2章　現金と当座預金

問題 3　現金過不足

解答…P.33 基本 応用

次の一連の取引について仕訳しなさい。

⑴　金庫を調べたところ、現金の実際有高は550円であるが、帳簿残高は600円であった。また、国債の利札40円の支払期限が到来したため、新たにこれを計上する。

⑵　⑴の現金過不足の原因を調べたところ、30円については通信費の支払いが記帳漏れであることが判明した。

⑶　本日決算日につき、⑴で生じた現金過不足のうち原因不明の20円について雑損失または雑収入で処理する。

問題 4　現金過不足

解答…P.33 基本 応用

次の一連の取引について仕訳しなさい。

⑴　金庫を調べたところ、現金の実際有高は700円であるが、帳簿残高は600円であった。

⑵　⑴の現金過不足の原因を調べたところ、70円については完成工事未収入金の回収が記帳漏れであることが判明した。

⑶　本日決算日につき、⑴で生じた現金過不足のうち原因不明の30円について雑損失または雑収入で処理する。

問題 5　当座預金の処理

解答…P.33 基本 応用

次の一連の取引について仕訳しなさい。

⑴　宮城建設は銀行と当座取引契約を結び、現金300円を当座預金口座に預け入れた。

⑵　宮城建設は工事未払金200円を小切手を振り出して支払った。

問題 6　小切手の処理

解答…P.33 基本 応用

次の各取引について仕訳しなさい。

⑴　北海道建設は青森物産に対する完成工事未収入金3,000円を回収し、同店振出の小切手を受け取った。

⑵　北海道建設は岩手建材に対する工事未払金3,000円を支払うため、他人（青森物産）振出小切手を渡した。

問題 7　小切手の処理

解答…P.33　基本 応用

次の取引について仕訳しなさい。

熊本建設より完成工事未収入金55,000円をかつて当店が振り出した小切手で受け取った。

問題 8　当座借越の処理

解答…P.34　基本 応用

次の一連の取引について仕訳しなさい。なお、二勘定制で処理すること。

(1)　宮城建設は工事未払金150円を小切手を振り出して支払った。なお、当座預金の残高は100円であったが、宮城建設は銀行と借越限度額400円の当座借越契約を結んでいる。

(2)　宮城建設は現金250円を当座預金口座に預け入れた。

問題 9　当座借越の処理

解答…P.34　基本 応用

次の取引について仕訳しなさい。ただし、勘定科目は次の中からもっとも適当と思われるものを選ぶこと。

現　　金　　当 座 預 金　　当 座 借 越　　材　　料

金沢資材から材料2,500円を仕入れ、代金は小切手を振り出して支払った。ただし、当座預金の残高は1,900円であったが、石川銀行と当座借越契約を結んでおり、借越限度額は5,000円である。なお、引取運賃100円は現金で支払った。

第3章　小口現金

問題 10　小口現金の処理

解答…P.34　基本 応用

次の一連の取引について仕訳しなさい。

(1)　定額資金前渡法を採用し、会計係は小口現金800円を小切手を振り出して前渡しした。

(2)　小口現金係は郵便切手代（通信費）300円、お茶菓子代（雑費）200円を小口現金で支払った。

(3)　会計係は小口現金係から次の支払報告を受けた。
　　郵便切手代（通信費）300円、お茶菓子代（雑費）200円

(4)　会計係は小口現金の支払金額と同額の小切手を振り出して小口現金を補給した。

問題 11　小口現金の処理

解答…P.34　基本 応用

次の取引について仕訳しなさい。ただし、勘定科目は次の中からもっとも適当と思われるものを選ぶこと。

当 座 預 金　　旅費交通費　　事務用消耗品費　　雑　　費

小口現金係から旅費交通費4,000円、事務用消耗品費2,300円および雑費1,200円の小口現金の使用についての報告を受け、同額の小切手を振り出して補給した。なお、当店は、定額資金前渡法を採用している。

問題 12　小口現金出納帳　解答用紙あり

解答…P.35　基本 応用

次の取引を小口現金出納帳に記入し、あわせて週末における締め切りおよび小口現金の補給に関する記入を行いなさい。なお、当店は定額資金前渡法を採用しており、小口現金として2,000円を受け入れている。また、小口現金の補給は小切手により翌週の月曜日に行われている。

5月7日	（月）	タクシー代	500円
8日	（火）	コピー用紙代	200円
9日	（水）	電話代	400円
10日	（木）	文房具代	100円
11日	（金）	お茶菓子代	50円

問題 13　小口現金出納帳 解答用紙あり　解答…P.35 基本 応用

次の取引を小口現金出納帳に記入し、あわせて小口現金の補給に関する記入および週末における締め切りを行いなさい。なお、当店は定額資金前渡法を採用しており、小口現金として4,000円を受け入れている。また、小口現金の補給は小切手により週末の金曜日に行われている。

6月4日（月）	切手・はがき代	800円
5日（火）	電車代	600円
6日（水）	新聞代	1,800円
7日（木）	ボールペン代	200円
8日（金）	バス代	350円

第4章　建設業における債権・債務

問題 14　前渡金・未成工事受入金の処理　解答…P.36 基本 応用

次の各取引について仕訳しなさい。

(1) 島根建設は鳥取資材に材料を注文し、内金として500円を現金で支払った。

(2) 島根建設は鳥取資材から材料3,000円を仕入れ、代金のうち500円は注文時に支払った内金と相殺し、残額は掛けとした。

(3) 島根建設は山口物産から請負工事の発注を受け、内金として500円を現金で受け取った。

(4) 島根建設は山口物産に請負工事3,000円を施工完了して引き渡し、代金のうち500円は受注時に受け取った内金と相殺し、残額は掛けとした。

問題 15 前渡金・未成工事受入金の処理

解答…P.36 基本 応用

次の各取引について仕訳しなさい。ただし、勘定科目は次の中からもっとも適当と思われるものを選ぶこと。

現　金	当座預金	完成工事未収入金	前渡金
材　料	未成工事受入金	完成工事高	工事未払金

(1) かねて注文していた材料70,000円を仕入れ、注文時に支払った手付金10,000円を控除し、残額については小切手を振り出して支払った。
(2) 得意先岩手物産から受注した請負工事60,000円を完了し、引き渡した。代金のうち、20,000円はすでに受け取っていた手付金と相殺し、残額は掛けとした。

問題 16 材料の仕入戻し、値引き

解答…P.36 基本 応用

次の各取引について仕訳しなさい。
(1) 先に掛けで仕入れた材料のうち、品違いのため100円を返品した。
(2) 先に掛けで仕入れた材料のうち、汚損のため250円の値引きを受けた。

問題 17 材料の仕入取引

解答…P.37 基本 応用

次の各取引について仕訳しなさい。
(1) 材料2,000円を仕入れ、代金は掛けとした。なお、当店負担の引取運賃100円を現金で支払った。
(2) 先に掛けで仕入れた材料のうち500円を品違いのため、返品した。
(3) 先に仕入れた材料につき、50円の割戻しを受け、工事未払金と相殺した。

問題18 工事未払金台帳 解答用紙あり

解答…P.37 基本 応用

次の取引を工事未払金台帳（大阪資材）に記入し、締め切りなさい。

8月1日　工事未払金の前月繰越高は5,000円であり、取引先別の内訳は次のとおりである。

大阪資材　3,000円　　京都木材店　2,000円

3日　大阪資材から材料1,000円を購入し、後日後払いとした。

8日　京都木材店から材料800円を購入し、後日後払いとした。

10日　大阪資材から材料2,500円と京都木材店から材料1,200円を購入し、後日後払いとした。

12日　10日に大阪資材から仕入れた材料300円を返品した。

25日　大阪資材に対する工事未払金4,000円と京都木材店に対する工事未払金3,500円を小切手を振り出して支払った。

問題19 得意先元帳 解答用紙あり

解答…P.38 基本 応用

次の取引を得意先元帳（埼玉商店）に記入し、締め切りなさい。

8月1日　完成工事未収入金の前月繰越高は8,000円であり、得意先別の内訳は次のとおりである。

東京商店　4,500円　　埼玉商店　3,500円

4日　東京商店に建物4,000円を引き渡し、代金は後日受け取ることにした。

14日　埼玉商店に建物2,000円を引き渡し、代金は後日受け取ることにした。

16日　14日に埼玉商店に引き渡した建物について設計仕様と異なる部分があったため、300円の値引きをした。

25日　東京商店に対する完成工事未収入金8,500円を現金で回収した。

31日　埼玉商店に対する完成工事未収入金4,000円について先方振出しの小切手を受け取った。

第5章　手　形

問題20　約束手形の処理

解答…P.38　基本　応用

次の一連の取引について仕訳しなさい。

(1)　材料500円を仕入れ、代金は約束手形を振り出して渡した。

(2)　(1)の約束手形の代金を当座預金口座から支払った。

問題21　約束手形の処理

解答…P.38　基本　応用

次の一連の取引について仕訳しなさい。

(1)　完成工事未収入金800円を先方振出の約束手形で回収した。

(2)　(1)の約束手形の代金を受け取り、ただちに当座預金口座に預け入れた。

問題22　自己振出手形の回収

解答…P.39　基本　応用

次の取引について仕訳しなさい。

当店は完成工事未収入金の回収として、額面2,000円の自店振出の約束手形および額面1,000円の和歌山物産振出の約束手形を受け取った。

問題23　為替手形の処理

解答…P.39　基本　応用

次の一連の取引について仕訳しなさい。

(1)　東京建設は神奈川資材に対する工事未払金400円を支払うため、かねて完成工事未収入金のある埼玉物産を名宛人とする為替手形を振り出し、埼玉物産の引き受けを得て渡した。

(2)　(1)の為替手形が決済された。

問題24　為替手形の処理

解答…P.39　基本　応用

次の一連の取引について仕訳しなさい。

(1)　神奈川建設は東京商事に対する完成工事未収入金400円を東京商事振出、埼玉資材を名宛人とする為替手形（埼玉資材の引き受けあり）で受け取った。

(2)　(1)で受け取っていた東京商事振出、埼玉資材を名宛人とする為替手形が決済され、神奈川建設は当座預金口座に入金を受けた。

問題25 為替手形の処理

解答…P.40 基本 応用

次の一連の取引について仕訳しなさい。

(1) 埼玉建設は、東京資材に対する工事未払金400円について、東京資材振出、埼玉建設を名宛人、神奈川物産を指図人とする為替手形の引き受けを求められたのでこれを引き受けた。

(2) 埼玉建設は(1)で引き受けていた東京資材振出、埼玉建設を名宛人、神奈川物産を指図人とする為替手形の代金が決済され、当座預金口座から支払った。

問題26 手形の裏書きの処理

解答…P.40 基本 応用

次の各取引について仕訳しなさい。

(1) 山梨建設は静岡資材から材料700円を仕入れ、代金はかねて群馬商事から受け取っていた為替手形を裏書きして渡した。

(2) 静岡建設は山梨物産に完成工事物700円を引き渡し、代金は群馬商事振出の為替手形を裏書譲渡された。

問題27 手形の割引きの処理

解答…P.40 基本 応用

次の各取引について仕訳しなさい。

(1) 新潟建設は佐渡物産に完成工事物900円を引き渡し、代金は約束手形で受け取った。

(2) 新潟建設は受け取っていた約束手形900円を銀行で割り引き、割引料50円を差し引かれた残額は当座預金口座に預け入れた。

問題28 受取手形記入帳

解答…P.40 基本 応用

次の受取手形記入帳にもとづき、4月1日、5月12日、6月30日の仕訳を示しなさい。

受取手形記入帳

×年		手形種類	手形番号	摘要	支払人	振出人または裏書人	振出日		満期日		支払場所	手形金額	てん末		
							月	日	月	日			月	日	摘要
4	1	約手	10	完成工事高	前橋商店	前橋商店	4	1	6	30	新宿銀行	500	6	30	当座預金口座に入金
5	12	為手	18	完成工事未収入金	草津商店	渋川商店	5	12	8	12	渋谷銀行	800			

問題29 支払手形記入帳

解答…P.41 基本 応用

次の帳簿の(1)名称を答え、(2)8月10日、9月15日、10月10日の仕訳を示しなさい。

(　　　　)記入帳

×年		手形種類	手形番号	摘　要	受取人	振出人	振出日		満期日		支払場所	手形金額	てん末		
							月	日	月	日			月	日	摘　要
8	10	約手	21	材料購入	湘南建材	当店	8	10	10	10	熊谷銀行	200	10	10	当座預金口座から支払い
9	15	為手	31	工事未払金	熱海商店	白浜商店	9	15	12	15	大宮銀行	400			

問題30 手形貸付金の処理

解答…P.42 基本 応用

次の一連の取引について仕訳しなさい。

(1)　愛知建設は長野物産に現金800円を貸し付け、担保として約束手形を受け取った。

(2)　愛知建設は長野物産より(1)の貸付金の返済を受け、利息10円とともに現金で受け取った。

問題31 手形借入金の処理

解答…P.42 基本 応用

次の一連の取引について仕訳しなさい。

(1)　愛知建設は長野物産より現金800円を借り入れ、担保として約束手形を振り出して渡した。

(2)　愛知建設は長野物産に(1)の借入金を返済し、利息10円とともに現金で支払った。

第６章　その他の債権・債務

問題 32　貸付金の処理

解答…P.42　基本 応用

次の一連の取引について仕訳しなさい。

(1)　滋賀建設は、三重建設に現金1,000円を貸付期間８カ月、年利率３％で貸し付けた。なお、利息は返済時に受け取る。

(2)　滋賀建設は三重建設より(1)の貸付金の返済を受け、利息とともに現金で受け取った。

問題 33　借入金の処理

解答…P.42　基本 応用

次の一連の取引について仕訳しなさい。

(1)　青森建設は岩手建設より現金3,000円を借入期間３カ月、年利率２％で借り入れた。なお、利息は返済時に支払う。

(2)　青森建設は(1)の借入金を返済し、利息とともに現金で支払った。

問題 34　未払金の処理

解答…P.43　基本 応用

次の一連の取引について仕訳しなさい。

(1)　青山建設は渋谷物産から機械装置を3,000円で購入し、代金は月末払いとした。

(2)　青山建設は(1)の代金を小切手を振り出して支払った。

問題 35　未収入金の処理

解答…P.43　基本 応用

次の一連の取引について仕訳しなさい。

(1)　池袋物産は所有する機械装置3,600円を3,600円で売却し、代金は月末に受け取ることとした。

(2)　池袋物産は(1)の代金を現金で受け取った。

問題 36 立替金の処理

解答…P.43 基本 応用

次の各取引について仕訳しなさい。

(1) 材料4,000円を掛けで仕入れた。なお、先方負担の引取費用100円は現金で支払った。

(2) 従業員が負担すべき保険料500円を現金で立て替えた。

(3) 給料8,000円のうち、(2)で立て替えた500円を差し引いた残額を従業員に現金で支払った。

問題 37 預り金の処理

解答…P.43 基本 応用

次の一連の取引について仕訳しなさい。

(1) 給料5,000円のうち源泉徴収税額500円を差し引いた残額を従業員に現金で支払った。

(2) 預り金として処理していた源泉徴収税額500円を小切手を振り出して納付した。

問題 38 立替金・預り金の処理

解答…P.44 基本 応用

次の各取引について仕訳しなさい。ただし、勘定科目は次の中からもっとも適当と思われるものを選ぶこと。

現　　金	当座預金	立 替 金
預 り 金	給　　料	

(1) 従業員が負担すべき当月分の生命保険料8,000円を小切手を振り出して支払った。なお、当月末にこの生命保険料は従業員の給料（500,000円）から差し引くこととした。

(2) 従業員の給料について源泉徴収していた所得税7,000円を小切手を振り出して税務署に納付した。

問題39　仮払金・仮受金の処理

解答…P.44　基本 応用

次の各取引について仕訳しなさい。

(1)　従業員の出張にともない、旅費交通費の概算額5,000円を現金で前渡しした。

(2)　従業員が出張から帰社し、旅費交通費として6,000円を支払ったと報告を受けた。なお、旅費交通費の概算額として5,000円を前渡ししており、不足額1,000円は現金で支払った。

(3)　出張中の従業員から当座預金口座に3,000円の入金があったが、その内容は不明である。

(4)　出張中の従業員が帰社し、(3)の入金は完成工事未収入金を回収したものとの報告を受けた。

問題40　仮払金・仮受金の処理

解答…P.44　基本 応用

次の取引について仕訳しなさい。ただし、勘定科目は次の中からもっとも適当と思われるものを選ぶこと。

現　　金	前 渡 金	未成工事受入金	完 成 工 事 高
材　　料	仮 払 金	仮　受　金	完成工事未収入金

先月、仮受金として処理していた内容不明の当座入金額は、横浜商店から注文を受けたときの手付金の受取額5,000円と川崎商店に対する完成工事未収入金の回収額6,000円であることが判明した。

第7章　有価証券

問題41　株式の処理

解答…P.45　基本 応用

次の一連の取引について仕訳しなさい。

(1)　京都商事株式会社の株式を1株あたり@100円で20株購入し、代金は売買手数料20円とともに現金で支払った。

(2)　配当として配当金領収証15円を受け取った。

(3)　京都商事株式会社の株式10株（1株の帳簿価額@101円）を1株あたり@99円で売却し、代金は現金で受け取った。

(4)　決算につき、京都商事株式会社の株式10株を時価に評価替えする（帳簿価額@101円、時価@95円）。

問題 42　公社債の処理

解答…P.45 基本 応用

次の一連の取引について仕訳しなさい。

(1)　奈良商事株式会社の社債額面3,000円を、額面@100円につき@94円で購入し、代金は売買手数料30円とともに現金で支払った。

(2)　奈良商事株式会社の社債の利払日になったので、その利札20円を切り取って銀行で現金を受け取った。

(3)　所有する(1)の奈良商事株式会社の社債3,000円を額面@100円あたり@96円で売却し、代金は現金で受け取った。

問題 43　有価証券の処理

解答…P.46

次の各取引について仕訳しなさい。

(1)　中央工業株式会社の株式@400円を200株購入し、代金は手数料400円とともに現金で支払った。

(2)　当期に額面@100円につき@95.5円で買い入れた東名商事株式会社の社債のうち、額面総額60,000円を額面@100円につき@97円で売却し、代金は当座預金口座に振り込まれた。

第8章　固定資産

問題 44　固定資産の購入

解答…P.46

次の取引について仕訳しなさい。

×1年4月1日　備品198,000円を購入し、代金は据付費用2,000円とともに小切手を振り出して支払った。

問題 45　固定資産の減価償却

解答…P.46　基本 応用

次の決算整理事項にもとづいて、決算整理仕訳をしなさい（当期：×３年１月１日～×３年12月31日）。なお、残存価額は取得原価の10%として計算し、勘定科目は次の中からもっとも適当なものを選ぶこと。

減　価　償　却　費　　　建物減価償却累計額

[決算整理事項]

	取得原価	期首の減価償却累計額	償却方法
建物	400,000円	270,000円	定額法（耐用年数50年）

問題 46　改良と修繕

解答…P.46　基本 応用

次の取引について仕訳しなさい。

自店舗の建物について定期修繕と改良を行い、代金200,000円を小切手を振り出して支払った。なお、そのうち150,000円は改良分（資本的支出）である。

第９章　租税公課と資本金

問題 47　税金の処理

解答…P.47　基本 応用

次の各取引について仕訳しなさい。

(1)　自店舗利用の建物と土地にかかる固定資産税2,000円の納税通知書を受け取ったので、現金で納付した。

(2)　営業用のトラックにかかる自動車税500円を現金で納付した。

問題 48　資本金の処理

解答…P.47　基本 応用

次の一連の取引について、(A)事業主貸勘定を用いない方法と(B)事業主貸勘定を用いる方法によって仕訳しなさい。

(1)　現金3,000円を資本金として元入れした。

(2)　店主の所得税300円を店の現金で支払った。

(3)　店主が(2)で引き出した現金のうち、200円を現金で返した。

(4)　決算日になった。

問題 49　租税公課と資本金の処理

解答…P.48 

次の取引について仕訳しなさい。ただし、勘定科目は次の中からもっとも適当と思われるものを選ぶこと。

現　　金　　当 座 預 金　　事業主貸勘定　　租 税 公 課

(1)　営業用の自動車に係る自動車税20,000円と店主の所得税60,000円を現金で納付した。

(2)　営業用店舗兼自宅に対する固定資産税80,000円の納税通知書が送付されてきたので、小切手を振り出して納付した。なお、この税金のうち30%は家計の負担分である。

第10章　引当金

問題 50　貸倒れ、貸倒引当金の処理

解答…P.48 

次の取引について仕訳しなさい。ただし、勘定科目は次の中からもっとも適当と思われるものを選ぶこと。

完成工事未収入金　　貸 倒 引 当 金　　貸倒引当金繰入額
貸　倒　損　失　　償却債権取立益

得意先京都物産が倒産し、同社に対する前期発生の完成工事未収入金200,000円が回収不能となったので、貸倒れとして処理した。なお、貸倒引当金の残高が150,000円あった。

問題51　貸倒れ、貸倒引当金の処理　　解答…P.49　基本 応用

次の各取引について仕訳しなさい。

(1)　得意先山口物産が倒産し、完成工事未収入金500円（当期に発生）が貸し倒れた。なお、貸倒引当金の残高が300円ある。

(2)　得意先福岡物産が倒産し、完成工事未収入金500円（前期に発生）が貸し倒れた。なお、貸倒引当金の残高が300円ある。

(3)　決算日において、完成工事未収入金800円と受取手形200円の期末残高について２％の貸倒引当金を設定する。なお、貸倒引当金の期末残高は８円である。

(4)　前期に貸倒処理した完成工事未収入金300円を現金で回収した。

第11章　費用・収益の繰延べと見越し

問題52　利息の後払い・再振替　　解答…P.49　基本 応用

次の各取引について仕訳しなさい。

(1)　10月１日　明神銀行より次の条件で300,000円を借り入れ、当座預金とした。
　借入期間　１年　年利６％　利息後払い

(2)　12月31日　決算整理仕訳を行う。

(3)　１月１日　再振替仕訳を行う。

問題53　費用・収益の繰延べと見越し　　解答…P.50　基本 応用

次の各取引について仕訳しなさい。

(1)　決算につき、支払家賃400円のうち、次期分100円を繰り延べる。

(2)　決算につき、受取利息600円(半年分)のうち、次期分(４カ月分)を繰り延べる。

(3)　決算につき、保険料200円を見越計上する。

(4)　決算につき、受取地代80円を見越計上する。

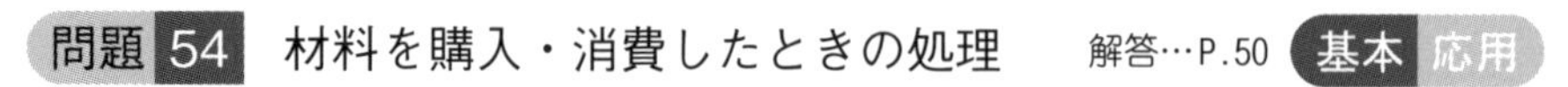

第13章　材料費

問題 54　材料を購入・消費したときの処理　解答…P.50　基本 応用

次の一連の取引について仕訳しなさい。ただし、勘定科目は次の中からもっとも適当と思われるものを選ぶこと。

現　　金　　工事未払金　　材　　料　　材 料 費
未成工事支出金

(1)　A材料100kg（@10円）を掛けで購入し、本社倉庫に搬入した。
(2)　B材料200kg（@20円）を掛けで購入し、本社倉庫に搬入した。なお、引取運賃50円は現金で支払った。
(3)　(1)で購入したA材料のうち、10kgは返品した。
(4)　C材料50個（@60円）を掛けで購入し、本社倉庫に搬入した。
(5)　C材料30個を本社倉庫より出庫し、消費した。

問題 55　材料費の計算 解答用紙あり　解答…P.51　基本 応用

次の資料にもとづいて、先入先出法により材料の当月消費額を計算しなさい。なお、棚卸減耗は生じていない。

[資料]

材料の月初在庫量は100kg（@260円）、当月購入量は300kg（@280円）、当月の消費数量は280kgであった。

第14章　労務費・外注費

問題56　賃金を支払ったときの処理　解答用紙あり　解答…P.51　基本　応用

次の資料にもとづいて、当月の賃金消費額を計算しなさい。

[資料]

(1) 前月賃金未払額　　50,000円
(2) 当月賃金支給総額　　200,000円
　(うち、源泉所得税と社会保険料の合計額25,000円)
(3) 当月賃金未払額　　40,000円

問題57　賃金の消費額の計算　解答…P.51　基本　応用

次の取引について仕訳しなさい。ただし、勘定科目は次の中からもっとも適当と思われるものを選ぶこと。

未成工事支出金　　労　務　費　　未払賃金　　現　　金　　預　り　金

(1) 前月の賃金未払額20,000円を未払賃金勘定から労務費勘定に振り替える。
(2) 賃金の当月支給総額300,000円のうち、源泉所得税30,000円と社会保険料10,000円を差し引いた残額を現金で支払った。
(3) 賃金の当月消費額は330,000円であった。
(4) 当月の賃金未払額50,000円を計上した。

問題58 外注費の支払い

解答…P.52 基本 応用

次の一連の取引について仕訳しなさい。なお、使用する勘定科目は次の中からもっとも適当と思われるものを選ぶこと。

現　　金　当座預金　前 渡 金　工事未払金　外 注 費

(1) 当店はキャット建設株式会社と電気工事の下請契約を結び、契約代金5,000円のうち1,750円を小切手を振り出し、前払いした。
(2) 本日下請工事の進行状況が60%であることが判明した。
(3) 電気工事が完成したので、3,000円の小切手を振り出し、残金は後日支払うことにした。
(4) 残金を現金にて支払った。

問題59 外注費の支払い 解答用紙あり

解答…P.52 基本 応用

次の一連の取引について仕訳をし、勘定記入を行いなさい（締切不要）。なお、使用する勘定科目は次の中からもっとも適当と思われるものを選ぶこと。また、勘定記入の際、日付のかわりに取引番号を用いること。

当座預金　未成工事支出金　前 渡 金　支払手形
工事未払金　外 注 費

(1) 当店はトラ吉株式会社とトイレ床の防水工事の下請契約を結び、契約代金10,000円のうち3,000円を小切手を振り出し、前払いした。
(2) 本日下請工事の進行状況が50%であることが判明した。
(3) 防水工事が完成したので6,000円の小切手を振り出し、残金は後日支払うことにした。
(4) 残金を約束手形を振り出して支払った。
(5) 上記外注費を未成工事支出金に賦課した。

第15章　経　費

問題60　経費を消費したときの処理

解答…P.52　基本　応用

次の各取引について仕訳しなさい。ただし、勘定科目は次の中からもっとも適当と思われるものを選ぶこと。

未成工事支出金　　経　　費　　当座預金　　減価償却累計額

(1) 当月の機械Aの賃借料200円を小切手を振り出して支払った。
(2) 機械Bの減価償却費1,000円（1カ月分）を計上した。

問題61　経費を消費したときの処理　解答用紙あり

解答…P.53　基本　応用

次の資料にもとづいて、当月の経費消費額を計算しなさい。

[資料]

(1) 機械減価償却費	24,000円	（1年分）
(2) 当月の工事現場水道光熱費	800円	
(3) 機械の保険料	1,200円	（半年分）

第16章　完成時の処理

問題 62　完成工事原価報告書の作成　解答用紙あり　解答…P.53　基本　応用

次の資料にもとづいて、月間の完成工事原価報告書を作成しなさい。
なお、月末現在で甲工事は完成し、乙工事は未完成である。

[資料]

	甲工事	乙工事
月初未成工事支出金残高	500円	—
当月発生工事原価	1,000円	500円
（内訳）		
材料費	600円	200円
労務費	200円	100円
外注費	100円	50円
経　費	100円	150円

（注）　月初未成工事支出金残高の内訳は、材料費250円、労務費100円、外注費100円、経費50円である。

問題 63　収益認識基準　解答…P.53　基本　応用

次の一連の取引を、工事完成基準によって仕訳しなさい。

⑴　ゴエモン建設は、×１年８月１日にビルの建設（完成予定は×２年11月30日）を2,850,000円で請け負い、契約時に手付金として200,000円を小切手で受け取った。

⑵　×１年12月31日　決算日を迎えた。当期中に発生した費用は、材料費340,000円、労務費430,000円、経費130,000円であった。なお、工事原価総額は2,250,000円である。

⑶　×２年11月30日　ビルが完成し、引き渡しが完了した。引渡時に契約金の残額2,650,000円を小切手で受け取った。なお、当期中に発生した費用は、材料費580,000円、労務費495,000円、経費275,000円であり、同時に工事原価を未成工事支出金勘定から完成工事原価勘定に振り替える。

第17章　決算と財務諸表

問題 64　試算表 解答用紙あり

解答…P.54 基本 応用

次の総勘定元帳（略式）の記入から⑴合計試算表と⑵残高試算表を作成しなさい。

現　　　金

10/ 1	200	10/18	160

当　座　預　金

10/ 1	500	10/31	500
10/20	400		

完成工事未収入金

10/ 1	200	10/20	400
10/12	600	10/27	20
10/25	350		

備　　　品

10/ 1	400		
10/18	160		

工　事　未　払　金

10/31	500	10/ 1	300
		10/ 5	450
		10/22	240

資　本　金

		10/ 1	1,000

完　成　工　事　高

10/27	20	10/12	600
		10/25	350

材　料　費

10/ 5	450		
10/22	240		

問題65 試算表 解答用紙あり

解答…P.55 基本 応用

次の取引にもとづいて、解答用紙の合計残高試算表と得意先元帳を作成しなさい。なお、9月28日現在の合計試算表は解答用紙の9月28日現在欄のとおりである。また、引き渡しと仕入れはすべて掛けで行っており、購入した材料は材料費勘定で処理している。

[9月29日から9月30日までの取引]

29日　材料購入：青森建材　200円　　岩手建材　380円
　　　引き渡し：沖縄商会　350円　　熊本商会　440円
　　　青森建材に対する工事未払金400円を支払うため、同店宛ての約束手形を振り出した。

30日　材料購入：青森建材　480円　　岩手建材　460円
　　　引き渡し：沖縄商会　580円　　熊本商会　620円
　　　熊本商会に対する完成工事未収入金500円を同店振出し、当店宛ての約束手形で回収した。
　　　沖縄商会に対する完成工事未収入金600円を回収し、当座預金に預け入れた。

問題66 精算表 解答用紙あり

解答…P.58 基本 応用

次の決算整理事項等にもとづいて、精算表を完成しなさい。なお、工事原価は未成工事支出金勘定を経由して処理する方法によっている。

[決算整理事項等]

(1) 機械装置（工事現場用）は10,200円、備品（一般管理用）は3,450円の減価償却費を計上する。
(2) 有価証券の時価は38,460円であり、評価損を計上する。
(3) 貸倒引当金は、差額補充法で受取手形と完成工事未収入金の合計額に対して２％設定する。
(4) 前払分1,260円が支払家賃に含まれている。
(5) 未成工事支出金の次期繰越額は59,100円である。

問題67 財務諸表の作成 解答用紙あり

解答…P.60 基本 応用

次の北海道工務店の決算整理後試算表にもとづいて、損益計算書と貸借対照表を完成しなさい。

整理後試算表

×3年12月31日

借方	勘定科目	貸方
1,460	現金	
720	完成工事未収入金	
	貸倒引当金	36
790	有価証券	
400	材料	
600	備品	
	備品減価償却累計額	260
	工事未払金	610
	資本金	2,000
	完成工事高	3,100
1,860	完成工事原価	
26	貸倒引当金繰入額	
	有価証券売却益	40
190	減価償却費	
6,046		6,046

第18章　帳簿の締め切り

問題68　帳簿の締め切り　解答用紙あり　解答…P.61　基本 応用

次の決算整理後の各勘定残高にもとづいて、(1)各勘定から損益勘定に振り替える仕訳（損益振替仕訳）および(2)損益勘定から資本金勘定に振り替える仕訳（資本振替仕訳）を示し、(3)損益勘定に記入しなさい。

完成工事高

		諸　口	1,900

受取家賃

		諸　口	120

完成工事原価

諸　口	1,400		

支払利息

諸　口	100		

問題69　帳簿の締め切り　解答…P.61　基本 応用

(1)　次の支払利息勘定の決算整理後の記入状況にもとづいて、この費用の勘定から損益勘定へ振り替える決算仕訳を示しなさい。

支払利息

当座預金	50,000	前払利息	10,000
未払利息	12,000		

(2)　次の未収家賃勘定にもとづいて、再振替仕訳を示しなさい。

未収家賃

受取家賃	30,000	次期繰越	30,000
前期繰越	30,000		

第19章　伝票制度

問題70　伝　票

解答…P.62　基本　応用

次の(1)、(2)はそれぞれある取引について伝票を作成したものである。それぞれの取引を推定し、仕訳をしなさい。

(1)

振替伝票 ×1年3月20日			
借方科目	金　額	貸方科目	金　額
完成工事未収入金	500	完成工事高	500

入金伝票 ×1年3月20日	
科　目	金　額
完成工事未収入金	200

(2)

振替伝票 ×1年5月15日			
借方科目	金　額	貸方科目	金　額
材　料	400	支払手形	400

出金伝票 ×1年5月15日	
科　目	金　額
材　料	600

論点別問題編

解答・解説

解答 1

(1)	資産の増加	**(借方（左側）)** ・ 貸方（右側）
(2)	資産の減少	借方（左側） ・ **(貸方（右側）)**
(3)	負債の増加	借方（左側） ・ **(貸方（右側）)**
(4)	負債の減少	**(借方（左側）)** ・ 貸方（右側）
(5)	資本（純資産）の増加	借方（左側） ・ **(貸方（右側）)**
(6)	資本（純資産）の減少	**(借方（左側）)** ・ 貸方（右側）
(7)	収益の増加（発生）	借方（左側） ・ **(貸方（右側）)**
(8)	収益の減少（消滅）	**(借方（左側）)** ・ 貸方（右側）
(9)	費用の増加（発生）	**(借方（左側）)** ・ 貸方（右側）
(10)	費用の減少（消滅）	借方（左側） ・ **(貸方（右側）)**

解答 2

現　金

4/8	完成工事高	200	4/15	工事未払金	150
4/20	完成工事未収入金	350			

完成工事未収入金

4/8	完成工事高	400	4/20	現金	350

工事未払金

4/15	現金	150	4/5	材料	300

完成工事高

			4/8	諸口	600

相手科目が複数のときは「諸口」と記入します。

材　料

4/5	工事未払金	300			

解答 3

	借方科目	金額	貸方科目	金額
(1)	現金過不足	50	現金	50
	現金	40	有価証券利息	40
(2)	通信費	30	現金過不足	30
(3)	雑損失	20	現金過不足	20

解答 4

	借方科目	金額	貸方科目	金額
(1)	現金	100	現金過不足	100
(2)	現金過不足	70	完成工事未収入金	70
(3)	現金過不足	30	雑収入	30

解答 5

	借方科目	金額	貸方科目	金額
(1)	当座預金	300	現金	300
(2)	工事未払金	200	当座預金	200

解答 6

	借方科目	金額	貸方科目	金額
(1)	現金	3,000	完成工事未収入金	3,000
(2)	工事未払金	3,000	現金	3,000

解答 7

借方科目	金額	貸方科目	金額
当座預金	55,000	完成工事未収入金	55,000

解答 8

	借方科目	金額	貸方科目	金額
(1)	工事未払金	150	当座預金	100
			当座借越	50
(2)	当座借越	50	現金	250
	当座預金	200		

解答 9

借方科目	金額	貸方科目	金額
材料	2,600	当座預金	1,900
		当座借越	600
		現金	100

解説

勘定科目一覧に「当座借越」がある（「当座」がない）ので、二勘定制で処理すると判断します。なお、引取運賃は仕入原価に含めて処理します。

解答 10

	借方科目	金額	貸方科目	金額
(1)	小口現金	800	当座預金	800
(2)	仕訳なし			
(3)	通信費	300	小口現金	500
	雑費	200		
(4)	小口現金	500	当座預金	500

解答 11

借方科目	金額	貸方科目	金額
旅費交通費	4,000	当座預金	7,500
事務用消耗品費	2,300		
雑費	1,200		

解説

指定科目の中に小口現金勘定がないので、小口現金の使用の報告と補給が同時のときは、直接、当座預金を減少させます。

解答 12

小口現金出納帳

受入	×年		摘要	支払	旅費交通費	事務用消耗品費	通信費	雑費
					内訳			
2,000	5	7	小口現金受け入れ					
		〃	タクシー代	500	500			
		8	コピー用紙代	200		200		
		9	電話代	400			400	
		10	文房具代	100		100		
		11	お茶菓子代	50				50
			合計	1,250	500	300	400	50
		〃	次週繰越	750				
2,000				2,000				
750	5	14	前週繰越					
1,250		〃	本日補給					

週末の残高750円(2,000円－1,250円)を「次週繰越」として記入します。

月曜日に補給される金額（使った金額）1,250円を記入します。

解答 13

小口現金出納帳

受入	×年		摘要	支払	旅費交通費	事務用消耗品費	通信費	雑費
					内訳			
4,000	6	4	前週繰越					
		〃	切手･はがき代	800			800	
		5	電車代	600	600			
		6	新聞代	1,800				1,800
		7	ボールペン代	200		200		
		8	バス代	350	350			
			合計	3,750	950	200	800	1,800
3,750		〃	本日補給					
		〃	次週繰越	4,000				
7,750				7,750				
4,000	6	11	前週繰越					

週末に補給される金額(使った金額)3,750円を記入します。

週末に補給されたので定額（4,000円）が次週に繰り越されます。

解答 14

	借方科目	金額	貸方科目	金額
(1)	前渡金	500	現金	500
(2)	材料	3,000	前渡金 工事未払金	500 2,500
(3)	現金	500	未成工事受入金	500
(4)	未成工事受入金 完成工事未収入金	500 2,500	完成工事高	3,000

解答 15

	借方科目	金額	貸方科目	金額
(1)	材料	70,000	前渡金 当座預金	10,000 60,000
(2)	未成工事受入金 完成工事未収入金	20,000 40,000	完成工事高	60,000

解説

(1) 手付金を支払ったときに前渡金（資産）の増加として処理しているので、材料を仕入れたときには**前渡金（資産）の減少**として処理します。

(2) 手付金を受け取ったときに未成工事受入金（負債）の増加として処理しているので、工事を完了し引き渡したときには**未成工事受入金（負債）の減少**として処理します。

解答 16

	借方科目	金額	貸方科目	金額
(1)	工事未払金	100	材料	100
(2)	工事未払金	250	材料	250

解答 17

	借方科目	金額	貸方科目	金額
(1)	材料	2,100	工事未払金	2,000
			現金	100
(2)	工事未払金	500	材料	500
(3)	工事未払金	50	材料	50

解答 18

工事未払金台帳

大阪資材

×年		摘要	借方	貸方	借/貸	残高
8	1	前月繰越		3,000	貸	3,000
	3	掛け仕入れ		1,000	〃	4,000
	10	掛け仕入れ		2,500	〃	6,500
	12	返品	300		〃	6,200
	25	工事未払金の支払い	4,000		〃	2,200
	31	次月繰越	2,200			
			6,500	6,500		
9	1	前月繰越		2,200	貸	2,200

解説

大阪資材の工事未払金台帳を作成するので、大阪資材との取引のみ記入します。

8/3 (材　　料) 1,000 (工事未払金) 1,000
8/10 (材　　料) 2,500 (工事未払金) 2,500
8/12 (工事未払金) 300 (材　　料) 300
8/25 (工事未払金) 4,000 (当座預金) 4,000

解答 19

得意先元帳
埼玉商店

×年		摘要	借方	貸方	借/貸	残高
8	1	前月繰越	3,500		借	3,500
	14	掛け売上げ	2,000		〃	5,500
	16	値引き		300	〃	5,200
	31	完成工事未収入金の回収		4,000	〃	1,200
	〃	次月繰越		1,200		
			5,500	5,500		
9	1	前月繰越	1,200		借	1,200

解説

埼玉商店の得意先元帳を作成するので、埼玉商店との取引のみ記入します。

8/14 （完成工事未収入金） 2,000　（完成工事高） 2,000
8/16 （完成工事高） 300　（完成工事未収入金） 300
8/31 （現金） 4,000　（完成工事未収入金） 4,000

解答 20

	借方科目	金額	貸方科目	金額
(1)	材料	500	支払手形	500
(2)	支払手形	500	当座預金	500

解答 21

	借方科目	金額	貸方科目	金額
(1)	受取手形	800	完成工事未収入金	800
(2)	当座預金	800	受取手形	800

解答 22

借方科目	金額	貸方科目	金額
支払手形	2,000	完成工事未収入金	3,000
受取手形	1,000		

解説

自店が過去に振り出した支払手形を回収した場合、「支払手形」を減少させます。

解答 23

	借方科目	金額	貸方科目	金額
(1)	工事未払金	400	完成工事未収入金	400
(2)	仕訳なし			

解説

(1) 工事未払金を支払うために為替手形を振り出したので、**工事未払金（負債）の減少**として処理します。また、為替手形の振り出しによって、埼玉物産に対する**完成工事未収入金（資産）が減少**します。
(2) 為替手形が決済されたときの振出人の処理はありません。

解答 24

	借方科目	金額	貸方科目	金額
(1)	受取手形	400	完成工事未収入金	400
(2)	当座預金	400	受取手形	400

解説

(1) 為替手形を**受け取っている**ので、**受取手形（資産）の増加**として処理します。

解答 25

	借方科目	金額	貸方科目	金額
(1)	工事未払金	400	支払手形	400
(2)	支払手形	400	当座預金	400

解説

(1) 為替手形を引き受けたので、**支払手形（負債）の増加**として処理します。

解答 26

	借方科目	金額	貸方科目	金額
(1)	材料	700	受取手形	700
(2)	受取手形	700	完成工事高	700

解答 27

	借方科目	金額	貸方科目	金額
(1)	受取手形	900	完成工事高	900
(2)	当座預金	850	受取手形	900
	手形売却損	50		

解答 28

	借方科目	金額	貸方科目	金額
4/1	受取手形	500	完成工事高	500
5/12	受取手形	800	完成工事未収入金	800
6/30	当座預金	500	受取手形	500

解説

受取手形記入帳の摘要欄には受取手形の増加した原因が、てん末欄には受取手形の減少した原因が記入されます。

4/1　摘要欄に「完成工事高」とあるので、工事が完成した際に手形（約束手形）を受け取ったことがわかります。

5/12　摘要欄に「完成工事未収入金」とあるので、完成工事未収入金の回収として手形（為替手形）を受け取ったことがわかります。

6/30　てん末欄に「当座預金口座に入金」とあるので、受取手形が決済されて、当座預金口座に入金されたことがわかります。

解答 29

(1)　帳簿の名称：(**支払手形**) 記入帳

(2)　各日付の仕訳：

	借方科目	金額	貸方科目	金額
8/10	材料	200	支払手形	200
9/15	工事未払金	400	支払手形	400
10/10	支払手形	200	当座預金	200

解説

(1)　摘要欄の「材料購入」や「工事未払金」、てん末欄の「当座預金口座から支払い」から支払手形記入帳であることがわかります。

(2)　支払手形記入帳の摘要欄には支払手形の増加した原因が、てん末欄には支払手形の減少した原因が記入されます。

8/10　摘要欄に「材料購入」とあるので、材料を購入した際に手形（約束手形）を振り出したことがわかります。

9/15　摘要欄に「工事未払金」、振出人欄が「白浜商店」（当店ではない）とあるので、工事未払金の支払いとして、当店は為替手形を引き受けたことがわかります。

10/10　てん末欄に「当座預金口座から支払い」とあるので、支払手形が決済されて、当座預金口座から支払ったことがわかります。

解答 30

	借方科目	金額	貸方科目	金額
(1)	手形貸付金	800	現金	800
(2)	現金	810	手形貸付金	800
			受取利息	10

解答 31

	借方科目	金額	貸方科目	金額
(1)	現金	800	手形借入金	800
(2)	手形借入金	800	現金	810
	支払利息	10		

解答 32

	借方科目	金額	貸方科目	金額
(1)	貸付金	1,000	現金	1,000
(2)	現金	1,020	貸付金	1,000
			受取利息	20

解説

(2) 受取利息：1,000円×3％×$\frac{8カ月}{12カ月}$＝20円

解答 33

	借方科目	金額	貸方科目	金額
(1)	現金	3,000	借入金	3,000
(2)	借入金	3,000	現金	3,015
	支払利息	15		

解説

(2) 支払利息：3,000円×2％×$\frac{3カ月}{12カ月}$＝15円

解答 34

	借方科目	金額	貸方科目	金額
(1)	機械装置	3,000	未払金	3,000
(2)	未払金	3,000	当座預金	3,000

解答 35

	借方科目	金額	貸方科目	金額
(1)	未収入金	3,600	機械装置	3,600
(2)	現金	3,600	未収入金	3,600

解答 36

	借方科目	金額	貸方科目	金額
(1)	材料	4,000	工事未払金	4,000
	立替金	100	現金	100
(2)	立替金	500	現金	500
(3)	給料	8,000	立替金	500
			現金	7,500

※(1)は以下の仕訳でも可

(1)	(材料)	4,000	(工事未払金)	3,900
			(現金)	100

解答 37

	借方科目	金額	貸方科目	金額
(1)	給料	5,000	預り金	500
			現金	4,500
(2)	預り金	500	当座預金	500

解答 38

	借方科目	金額	貸方科目	金額
(1)	立替金	8,000	当座預金	8,000
(2)	預り金	7,000	当座預金	7,000

解説

(1) 従業員が負担すべき金額を当店が支払った（立て替えた）ときは、**立替金（資産）の増加**として処理します。なお、給料はまだ支払っていないので、給料の支払いに関する処理はしません。

(2) 源泉徴収税額は、給料を支払った（源泉徴収した）ときに預り金（負債）の増加として処理しているので、税務署に納付したときは**預り金（負債）の減少**として処理します。

解答 39

	借方科目	金額	貸方科目	金額
(1)	仮払金	5,000	現金	5,000
(2)	旅費交通費	6,000	仮払金	5,000
			現金	1,000
(3)	当座預金	3,000	仮受金	3,000
(4)	仮受金	3,000	完成工事未収入金	3,000

解答 40

借方科目	金額	貸方科目	金額
仮受金	11,000	未成工事受入金	5,000
		完成工事未収入金	6,000

解説

仮受額の内容判明時には**仮受金（負債）を減らします**。また、注文を受けたときの手付金は**未成工事受入金（負債）**として処理します。

解答 41

	借方科目	金額	貸方科目	金額
(1)	有価証券	2,020	現金	2,020
(2)	現金	15	受取配当金	15
(3)	現金	990	有価証券	1,010
	有価証券売却損	20		
(4)	有価証券評価損	60	有価証券	60

解説

(1) 売買手数料などの付随費用は有価証券の取得原価に含めて処理します。
有価証券：@100円×20株＋20円＝2,020円

(3) 減少する有価証券（帳簿価額）：@101円×10株＝1,010円
売却価額：@99円×10株＝990円
貸借差額：990円（売却価額）－1,010円（帳簿価額）＝△20円（有価証券売却損）

(4) 有価証券の帳簿価額（@101円）を時価（@95円）にするため、差額@6円（@101円－@95円）だけ、**有価証券（資産）を減少**させます。なお、帳簿価額よりも時価が低いので、相手科目は**有価証券評価損（費用）**として処理します。
評価差額：（@101円（帳簿価額）－@95円（時価））×10株＝60円（有価証券評価損）

解答 42

	借方科目	金額	貸方科目	金額
(1)	有価証券	2,850	現金	2,850
(2)	現金	20	有価証券利息	20
(3)	現金	2,880	有価証券	2,850
			有価証券売却益	30

解説

(1) 購入口数：3,000円÷@100円＝30口
有価証券（取得原価）：@94円×30口＋30円＝2,850円

(3) 減少する有価証券（帳簿価額）：2,850円
売却価額：@96円×30口＝2,880円
貸借差額：2,880円（売却価額）－2,850円（帳簿価額）＝30円（有価証券売却益）

解答 43

	借方科目	金額	貸方科目	金額
(1)	有価証券	80,400	現金	80,400
(2)	当座預金	58,200	有価証券	57,300
			有価証券売却益	900

解説

(1) 有価証券：@400円×200株＋400円＝80,400円
(2) 売却口数：60,000円÷@100円＝600口
　減少する有価証券（帳簿価額）：@95.5円×600口＝57,300円
　売却価額：@97円×600口＝58,200円
　貸借差額：58,200円（売却価額）－57,300円（帳簿価額）＝900円（有価証券売却益）

解答 44

借方科目	金額	貸方科目	金額
備品	200,000*	当座預金	200,000

＊ 198,000円＋2,000円＝200,000円

解答 45

借方科目	金額	貸方科目	金額
減価償却費	7,200	建物減価償却累計額	7,200*

$$* \quad \frac{400{,}000円 - \underbrace{400{,}000円 \times 10\%}_{40{,}000円}}{50年} = 7{,}200円$$

解答 46

借方科目	金額	貸方科目	金額
建物	150,000	当座預金	200,000
修繕費	50,000		

解答 47

	借方科目	金額	貸方科目	金額
(1)	租税公課	2,000	現金	2,000
(2)	租税公課	500	現金	500

解答 48

(A) 事業主貸勘定を用いない方法

	借方科目	金額	貸方科目	金額
(1)	現金	3,000	資本金	3,000
(2)	資本金	300	現金	300
(3)	現金	200	資本金	200
(4)	仕訳なし			

(B) 事業主貸勘定を用いる方法

	借方科目	金額	貸方科目	金額
(1)	現金	3,000	資本金	3,000
(2)	事業主貸勘定	300	現金	300
(3)	現金	200	事業主貸勘定	200
(4)	資本金	100	事業主貸勘定	100

解説

(B)(4) 決算日における事業主貸勘定残高を資本金に振り替えます。
決算日における事業主貸勘定残高：300円－200円＝100円

解答 49

	借方科目	金額	貸方科目	金額
(1)	租税公課	20,000	現金	80,000
	事業主貸勘定	60,000		
(2)	租税公課	56,000	当座預金	80,000
	事業主貸勘定	24,000		

解説

(1) 営業用の自動車にかかる自動車税は店の費用なので、**租税公課（費用）**として処理します。また、店主の所得税は資本の引き出しなので、**資本金の減少**または**事業主貸勘定**として処理しますが、勘定科目一覧に「**事業主貸勘定**」があるので、**事業主貸勘定**で処理します。

(2) 店舗にかかる固定資産税70％分（100％－30％）は店の費用なので、**租税公課（費用）**として処理します。また、家計の負担分は**事業主貸勘定**で処理します。

租税公課：80,000円×70％＝56,000円

事業主貸勘定：80,000円×30％＝24,000円

解答 50

借方科目	金額	貸方科目	金額
貸倒引当金	150,000	完成工事未収入金	200,000
貸倒損失	50,000		

解答 51

	借方科目	金額	貸方科目	金額
(1)	貸倒損失	500	完成工事未収入金	500
(2)	貸倒引当金 貸倒損失	300 200	完成工事未収入金	500
(3)	貸倒引当金繰入額	12	貸倒引当金	12
(4)	現金	300	償却債権取立益	300

解説

(1) 当期に発生した完成工事未収入金が貸し倒れたときは、**貸倒損失（費用）**として処理します。

(2) 前期以前に発生した完成工事未収入金が貸し倒れたときは、貸倒引当金（300円）を取り崩し、貸倒引当金を超える貸倒額200円（500円－300円）については**貸倒損失（費用）**として処理します。

(3)① 貸倒引当金の設定額：(800円＋200円)×２％＝20円
② 貸倒引当金の期末残高：８円
③ 当期の計上額：差額12円（20円－８円）を貸倒引当金に加算 → 貸方

(4) 前期（以前）に貸倒処理した債権を回収したときは、**償却債権取立益（収益）**として処理します。

解答 52

	借方科目	金額	貸方科目	金額
(1)	当座預金	300,000	借入金	300,000
(2)	支払利息	4,500*	未払利息	4,500
(3)	未払利息	4,500	支払利息	4,500

解説

(2) 借り入れてから決算日まで３カ月が経過しているので、この期間に対応する利息は当期の費用に計上しなければなりませんが、いまだ利息は払っていないので、貸方は「未払利息（負債）」となります。

＊ 当期分（３カ月）の利息の計算

支払利息：$300,000円 \times 6\% \times \frac{3カ月}{12カ月} = 4,500円$

解答 53

	借方科目	金額	貸方科目	金額
(1)	前払家賃	100	支払家賃	100
(2)	受取利息	400	前受利息	400
(3)	保険料	200	未払保険料	200
(4)	未収地代	80	受取地代	80

解説

(2) 次期分の受取利息：$600円 \times \frac{4カ月}{6カ月} = 400円$

解答 54

	借方科目	金額	貸方科目	金額
(1)	材料	1,000*1	工事未払金	1,000
(2)	材料	4,050	工事未払金	4,000*2
			現金	50
(3)	工事未払金	100	材料	100*3
(4)	材料	3,000*4	工事未払金	3,000
(5)	材料費	1,800*5	材料	1,800
	未成工事支出金	1,800	材料費	1,800

*1 @10円×100kg＝1,000円
*2 @20円×200kg＝4,000円
*3 @10円×10kg＝100円
*4 @60円×50個＝3,000円
*5 @60円×30個＝1,800円

解答 55

先入先出法　76,400円

解説

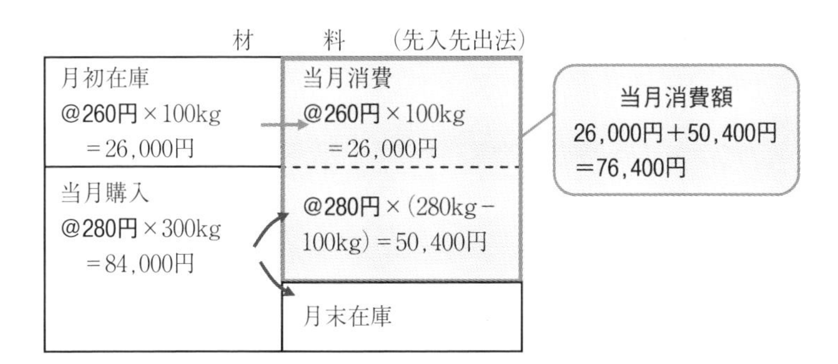

解答 56

当月の賃金消費額　190,000円

解説

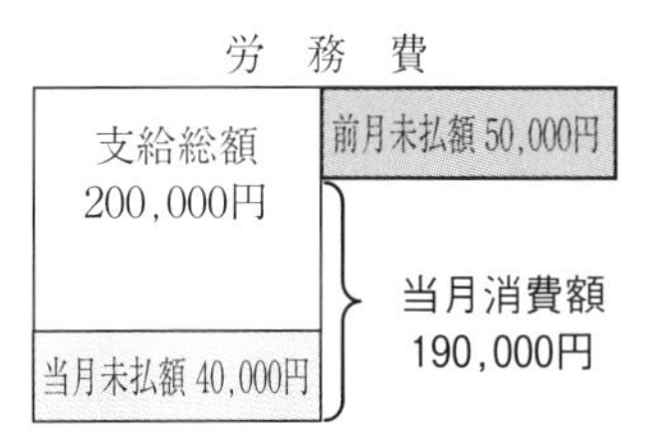

解答 57

	借方科目	金額	貸方科目	金額
(1)	未払賃金	20,000	労務費	20,000
(2)	労務費	300,000	預り金	40,000
			現金	260,000
(3)	未成工事支出金	330,000	労務費	330,000
(4)	労務費	50,000	未払賃金	50,000

解答 58

	借方科目	金額	貸方科目	金額
(1)	前渡金	1,750	当座預金	1,750
(2)	外注費	3,000*1	前渡金	1,750
			工事未払金	1,250
(3)	外注費	2,000*2	当座預金	3,000
	工事未払金	1,000		
(4)	工事未払金	250	現金	250

*1 5,000円×60%＝3,000円

*2 5,000円－3,000円＝2,000円

解答 59

	借方科目	金額	貸方科目	金額
(1)	前渡金	3,000	当座預金	3,000
(2)	外注費	5,000*	前渡金	3,000
			工事未払金	2,000
(3)	外注費	5,000	当座預金	6,000
	工事未払金	1,000		
(4)	工事未払金	1,000	支払手形	1,000
(5)	未成工事支出金	10,000	外注費	10,000

外注費

(2)	諸口	5,000	(5)	未成工事支出金	10,000
(3)	当座預金	5,000			

* 10,000円×50%＝5,000円

解答 60

	借方科目	金額	貸方科目	金額
(1)	経費	200	当座預金	200
(2)	経費	1,000	減価償却累計額	1,000

解答 61

当月の経費消費額　3,000円

解説

当月の経費消費額　$\frac{24{,}000円}{12カ月}+800円+\frac{1{,}200円}{6カ月}=3{,}000円$

解答 62

完成工事原価報告書

(単位：円)

Ⅰ．材　料　費	(850)
Ⅱ．労　務　費	(300)
Ⅲ．外　注　費	(200)
Ⅳ．経　　　費	(150)
完成工事原価	(1,500)

解説

月末現在、完成している甲工事の原価を集計します。

材料費：250円＋600円＝850円

労務費：100円＋200円＝300円

外注費：100円＋100円＝200円

経　費：　50円＋100円＝150円

解答 63

工事完成基準

	借方科目	金額	貸方科目	金額
(1)	現金	200,000	未成工事受入金	200,000
(2)	仕訳なし			
(3)	完成工事原価 未成工事受入金 現金	2,250,000* 200,000 2,650,000	未成工事支出金 完成工事高	2,250,000 2,850,000

＊　900,000円＋1,350,000円＝2,250,000円

解答 64

(1) 合計試算表

合　計　試　算　表

借方合計	勘　定　科　目	貸方合計
200	現　　　　金	160
900	当　座　預　金	500
1,150	完成工事未収入金	420
560	備　　　　品	
500	工　事　未　払　金	990
	資　　本　　金	1,000
20	完　成　工　事　高	950
690	材　　料　　費	
4,020		4,020

(2) 残高試算表

残　高　試　算　表

借方残高	勘　定　科　目	貸方残高
40	現　　　　金	
400	当　座　預　金	
730	完成工事未収入金	
560	備　　　　品	
	工　事　未　払　金	490
	資　　本　　金	1,000
	完　成　工　事　高	930
690	材　　料　　費	
2,420		2,420

解説

合計試算表には各勘定の借方合計と貸方合計を記入します。また、残高試算表には各勘定の残高のみを記入します。

解答 65

合計残高試算表

借方残高	借方合計		勘定科目	貸方合計		貸方残高
9月30日現在	9月30日現在	9月28日現在		9月28日現在	9月30日現在	9月30日現在
2,400	4,400	3,800	当座預金	2,000	2,000	
1,500	2,500	2,000	受取手形	1,000	1,000	
2,190	5,190	3,200	完成工事未収入金	1,900	3,000	
	1,800	1,800	支払手形	2,200	2,600	800
	1,900	1,500	工事未払金	2,100	3,620	1,720
			資本金	1,900	1,900	1,900
	300	300	完成工事高	4,800	6,790	6,490
4,820	4,920	3,400	材料費	100	100	
10,910	21,010	16,000		16,000	21,010	10,910

得意先元帳

	9月28日	9月30日
沖縄商会	700	1,030
熊本商会	600	1,160
	1,300	2,190

解説

1．各取引の仕訳と転記

この問題は9月中の取引を集計して、合計残高試算表と得意先元帳を作成する問題なので、9月29日と30日の取引の仕訳をし、Tフォームに記入して集計します。なお、9月30日現在の合計金額を記入するため、Tフォームに9月28日現在の金額も記入しておきます。

また、得意先元帳を作成するため、完成工事未収入金については商店ごとに分けて記入します。

9月29日の仕訳

借方	金額	貸方	金額
(材　料　費)	200	(工事未払金)	200
(材　料　費)	380	(工事未払金)	380
(完成工事未収入金・沖縄)	350	(完成工事高)	350
(完成工事未収入金・熊本)	440	(完成工事高)	440
(工事未払金)	400	(支払手形)	400

9月30日の仕訳

借方	金額	貸方	金額
(材　料　費)	480	(工事未払金)	480
(材　料　費)	460	(工事未払金)	460
(完成工事未収入金・沖縄)	580	(完成工事高)	580
(完成工事未収入金・熊本)	620	(完成工事高)	620
(受取手形)	500	(完成工事未収入金・熊本)	500
(当座預金)	600	(完成工事未収入金・沖縄)	600

当座預金

日付	借方	日付	貸方
9/28	3,800	9/28	2,000
9/30	600		
	合計 4,400		合計 2,000

受取手形

日付	借方	日付	貸方
9/28	2,000	9/28	1,000
9/30	500		
	合計 2,500		合計 1,000

完成工事未収入金

日付	借方	日付	貸方
9/28	3,200	9/28	1,900
9/29	350	9/30	500
〃	440	〃	600
9/30	580		
〃	620		
	合計 5,190		合計 3,000

完成工事未収入金・沖縄

日付	借方	日付	貸方
9/28	700	9/30	600
9/29	350		
9/30	580		
	合計 1,630		合計 600

完成工事未収入金・熊本

日付	借方	日付	貸方
9/28	600	9/30	500
9/29	440		
9/30	620		
	合計 1,660		合計 500

支払手形

日付	借方	日付	貸方
9/28	1,800	9/28	2,200
		9/29	400
	合計 1,800		合計 2,600

工事未払金

日付	借方	日付	貸方
9/28	1,500	9/28	2,100
9/29	400	9/29	200
		〃	380
		9/30	480
		〃	460
	合計 1,900		合計 3,620

完成工事高			
9/28	300	9/28	4,800
		9/29	350
		〃	440
		9/30	580
		〃	620
	合計 300		合計 6,790

材料費			
9/28	3,400	9/28	100
9/29	200		
〃	380		
9/30	480		
〃	460		
	合計 4,920		合計 100

(注) Tフォームを作らなかった勘定科目（資本金など）についても、合計欄および残高欄への記入を忘れないようにしてください。

2. Tフォームからの残高試算表の作成

Tフォームには9月30日までの取引の合計金額が集計されています。したがって、各勘定の借方合計と貸方合計をそれぞれ解答用紙の9月30日現在欄に記入します。

そして、9月30日現在欄の各勘定の借方金額と貸方合計の差額を9月30日現在の残高欄に記入します。

3. 得意先元帳の作成

得意先別のTフォームから得意先元帳に記入します。なお、得意先元帳には残高を記入します。

解答 66

精　　算　　表

勘定科目	試算表		整理記入		損益計算書		貸借対照表	
	借方	貸方	借方	貸方	借方	貸方	借方	貸方
現金	51,300						51,300	
当座預金	67,200						67,200	
受取手形	79,650						79,650	
完成工事未収入金	108,450						108,450	
貸倒引当金		1,860		1,902				3,762
有価証券	44,100			5,640			38,460	
未成工事支出金	68,400		377,100	386,400			59,100	
材料	57,450						57,450	
貸付金	61,500						61,500	
機械装置	99,300						99,300	
機械装置減価償却累計額		36,900		10,200				47,100
備品	55,200						55,200	
備品減価償却累計額		12,600		3,450				16,050
支払手形		104,100						104,100
工事未払金		63,450						63,450
借入金		44,700						44,700
未成工事受入金		28,350						28,350
資本金		300,000						300,000
完成工事高		548,100				548,100		
受取利息		870				870		
材料費	134,100			134,100				
労務費	92,850			92,850				
外注費	80,400			80,400				
経費	59,550		10,200	69,750				
支払家賃	22,350			1,260	21,090			
支払利息	1,080				1,080			
その他の費用	58,050				58,050			
	1,140,930	1,140,930						
完成工事原価			386,400		386,400			
貸倒引当金繰入額			1,902		1,902			
減価償却費			3,450		3,450			
有価証券評価損			5,640		5,640			
前払家賃			1,260				1,260	
			785,952	785,952	477,612	548,970	678,870	607,512
当期純利益					71,358			71,358
					548,970	548,970	678,870	678,870

解説

(1) 減価償却費の計上

(経　　　　　費)	10,200	(機械装置減価償却累計額)	10,200
(減 価 償 却 費)	3,450	(備品減価償却累計額)	3,450

(2) 有価証券の評価替え

(有価証券評価損)	5,640*	(有　価　証　券)	5,640

＊ 44,100円 − 38,460円 = 5,640円

(3) 貸倒引当金の繰入れ

(貸倒引当金繰入額)	1,902*	(貸 倒 引 当 金)	1,902

＊ (79,650円 + 108,450円) × 2％ − 1,860円 = 1,902円

(4) 前払家賃の計上

(前　払　家　賃)	1,260	(支　払　家　賃)	1,260

(5) 完成工事原価の振り替え

① 期末における原価要素の振り替え

(未成工事支出金)	377,100	(材　　料　　費)	134,100
		(労　　務　　費)	92,850
		(外　　注　　費)	80,400
		(経　　　　　費)	69,750

② 完成工事原価の振り替え

(完 成 工 事 原 価)	386,400	(未成工事支出金)	386,400*

＊ 68,400円（残高試算表）+ 377,100円 − 59,100円（次期繰越）= 386,400円

解答 67

損益計算書

北海道工務店　　×3年1月1日～×3年12月31日　　(単位：円)

費用	金額	収益	金額
(完成工事原価)	(1,860)	(完成工事高)	(3,100)
貸倒引当金(繰入額)	(26)	有価証券売却益	(40)
減価償却費	(190)		
当期純利益	(1,064)		
	(3,140)		(3,140)

貸借差額で計算します。

貸借対照表

北海道工務店　　×3年12月31日　　(単位：円)

資産	金額		負債・純資産	金額
現金		(1,460)	工事未払金	(610)
完成工事未収入金	(720)		資本金	(2,000)
(貸倒引当金)	(36)	(684)	(当期純利益)	(1,064)
有価証券		(790)		
材料		(400)		
備品	(600)			
(減価償却累計額)	(260)	(340)		
		(3,674)		(3,674)

解説

決算整理後試算表の収益・費用の項目は損益計算書に、資産・負債・資本（純資産）の項目は貸借対照表に記入します。

解答 68

(1) 各勘定から損益勘定に振り替える仕訳

借方科目	金額	貸方科目	金額
完成工事高	1,900	損益	2,020
受取家賃	120		
損益	1,500	完成工事原価	1,400
		支払利息	100

(2) 損益勘定から資本金勘定に振り替える仕訳

借方科目	金額	貸方科目	金額
損益	520	資本金	520

(3) 損益勘定への記入

損益

〔完成工事原価〕	(1,400)	〔完成工事高〕	(1,900)
〔支払利息〕	(100)	〔受取家賃〕	(120)
〔資本金〕	(520)	〔 〕	( )

解説

収益の勘定は損益勘定の貸方に、費用の各勘定残高は損益勘定の借方に振り替えます。また、損益勘定で借方に差額が生じる（収益が費用よりも大きい）ため、当期純利益（520円）が生じていることがわかります。したがって、当期純利益（520円）を損益勘定から資本金勘定の貸方に振り替えます。

解答 69

	借方科目	金額	貸方科目	金額
(1)	損益	52,000	支払利息	52,000
(2)	受取家賃	30,000	未収家賃	30,000

解説

(1) 費用の勘定の残高は損益勘定の借方に振り替えます。したがって、支払利息勘定の残高52,000円（50,000円＋12,000円－10,000円）を損益勘定の借方に振り替えます。

(2) 「未収家賃勘定」より、決算において受取家賃（収益）の見越計上が行われていることがわかります。また、収益や費用を見越した（繰り延べた）ときは、翌期首に逆仕訳（再振替仕訳）を行います。したがって、再振替仕訳は次のようになります。

決算整理仕訳：（未収家賃） 30,000 （受取家賃） 30,000

逆仕訳

再振替仕訳（解答）：（受取家賃） 30,000 （未収家賃） 30,000

解答 70

	借方科目	金額	貸方科目	金額
(1)	完成工事未収入金	300	完成工事高	500
	現金	200		
(2)	材料	1,000	支払手形	400
			現金	600

解説

それぞれの伝票の仕訳を作り、その仕訳をあわせて解答の仕訳を導きます。

(1)

		借方	金額	貸方	金額
①	振替伝票の仕訳：	(完成工事未収入金)	~~500~~ 300	(完成工事高)	500
②	入金伝票の仕訳：	(現金)	200	~~(完成工事未収入金)~~	~~200~~
③	解答の仕訳(①+②)：	(完成工事未収入金)	300	(完成工事高)	500
		(現金)	200		

(2)

		借方	金額	貸方	金額
①	振替伝票の仕訳：	(材料)	400	(支払手形)	400
②	出金伝票の仕訳：	(材料)	600	(現金)	600
③	解答の仕訳(①+②)：	(材料)	1,000	(支払手形)	400
				(現金)	600

模擬問題編

解答・解説

解答・解説

第1問 **20点**　仕訳　記号（A～U）も必ず記入のこと　　仕訳一組につき4点

No.	借方			貸方		
	記号	勘定科目	金額	記号	勘定科目	金額
(例)	B	当座預金	100000	A	現金	100000
(1)	E	有価証券	588000	B	当座預金	588000
(2)	D	仮受金	690000	G	未成工事受入金	690000
(3)	B U	当座預金 手形売却損	245000 5000	J	受取手形	250000
(4)	N	外注費	1300000	H	工事未払金	1300000
(5)	Q	損益	870000	S	資本金	870000

解説

(1) **有価証券の購入**

額面ではなく、取得原価で計上します。

もし、売買手数料などの付随費用を払っている場合は、取得原価に含めます。

(2) **仮受金の内容が明らかになったとき**

計上していた仮受金（負債）を該当する勘定科目に振り替えます。

また、注文を受けたときの手付金は未成工事受入金（負債）で処理します。

⑶ 手形の割引き

決済期日前に手形を割り引くと、利息や手数料といった費用がかかります。この取引は、銀行へ手形を売却したと考えることもできるため、これらの費用は手形売却損として計上します。

⑷ 外注費の計上

外部の業者に工事を委託した場合、これにかかる工事費用は外注費（費用）として計上します。支払いについて何も記述がない場合には、掛け取引と判断して、相手勘定を工事未払金（負債）とします。

⑸ 当期純利益の資本組入れ

当期の利益は損益勘定で計算されます。利益を次期へ繰り越す場合には、資本金（資本(純資産)）へ振り替えます。

第2問　12点　　●数字…予想配点

完成工事原価報告書

（単位：円）

	配点	金額
Ⅰ．材　料　費	❸	610500
Ⅱ．労　務　費	❸	478500
Ⅲ．外　注　費	❸	334500
Ⅳ．経　　　費	❸	231000
完成工事原価		1654500

解説

完成した工事については、完成工事原価報告書としてまとめます。本問では、完成しているかどうかを工事原価計算表の「期末の状況」から判断します。その結果、完成している101号工事、103号工事についての原価を「完成工事原価」として集計します。

(1) 工事原価計算表の推定

「工事原価計算表」の空欄の金額は、縦合計・横合計などから求めます。

摘要	101号工事		102号工事		103号工事	104号工事	合計
	前期繰越	当期発生	前期繰越	当期発生	当期発生	当期発生	
材料費	294,000	②147,000	87,000	129,000	169,500	124,500	951,000
労務費	①217,500	127,500	73,500	⑥106,500	133,500	⑪ 96,000	754,500
外注費	145,500	③103,500	93,000	67,500	⑧ 85,500	54,000	549,000
経費	108,000	84,000	⑤ 57,000	48,000	39,000	⑩ 28,500	364,500
合計	765,000	462,000	④310,500	⑦351,000	⑨427,500	303,000	2,619,000
期末の状況	完成		未完成		完成	未完成	

① 労務費（前期・101号工事）：765,000円－(294,000円＋145,500円＋108,000円)＝217,500円

② 材料費（当期・101号工事）：951,000円－(294,000円＋87,000円＋129,000円＋169,500円＋124,500円)＝147,000円

③ 外注費（当期・101号工事）：462,000円－(147,000円＋127,500円＋84,000円)＝103,500円

④ 合　計（前期・102号工事）：1,075,500円－765,000円＝310,500円
　　未成工事支出金の前期繰越

⑤ 経　費（前期・102号工事）：310,500円－(87,000円＋73,500円＋93,000円)＝57,000円

⑥ 労務費（当期・102号工事）：463,500円－(127,500円＋133,500円＋96,000円)＝106,500円

⑦ 合　計（当期・102号工事）：129,000円＋106,500円＋67,500円＋48,000円＝351,000円

⑧ 外注費（当期・103号工事）：549,000円－(145,500円＋103,500円＋93,000円＋67,500円＋54,000円)＝85,500円

⑨ 合　計（当期・103号工事）：169,500円＋133,500円＋85,500円＋39,000円＝427,500円

⑩ 経　費（当期・104号工事）：364,500円－(108,000円＋84,000円＋57,000円＋48,000円＋39,000円)＝28,500円

⑪ 労務費（当期・104号工事）：303,000円－(124,500円＋54,000円＋28,500円)＝96,000円

(2) 完成工事原価報告書

① 材料費：294,000円＋147,000円＋169,500円＝610,500円

② 労務費：217,500円＋127,500円＋133,500円＝478,500円

③ 外注費：145,500円＋103,500円＋85,500円＝334,500円

④ 経　費：108,000円＋84,000円＋39,000円＝231,000円

⑤ 完成工事原価：610,500円＋478,500円＋334,500円＋231,000円＝1,654,500円

第3問　30点　　　　●数字…予想配点

合計残高試算表

×年5月31日現在　　　　(単位：円)

借方		勘定科目	貸方	
残高	合計		合計	残高
❷ 1266000	3033000	現金	1767000	
❷ 1374000	4303500	当座預金	2929500	
❷ 462000	2377500	受取手形	1915500	
❷ 1005000	2424000	完成工事未収入金	1419000	
❷ 504000	1105500	材料	601500	
727500	727500	機械装置		
478500	478500	備品		
	1632000	支払手形	3489000	❷ 1857000
	988500	工事未払金	1573500	❷ 585000
	1671000	借入金	3370500	❷ 1699500
	1338000	未成工事受入金	1999500	❷ 661500
		資本金	3000000	3000000
		完成工事高	4992000	❷ 4992000
❷ 2368500	2368500	材料費		
2097000	2097000	労務費		
942000	942000	外注費		
592500	592500	経費		
❷ 778500	778500	給料		
❷ 177000	177000	支払家賃		
		雑収入	13500	13500
❷ 36000	36000	支払利息		
❷ 12808500	27070500		27070500	12808500

解説

取引の仕訳

	借方		貸方	
21日	(材料)	321,000	(工事未払金)	321,000
22日	(現金)	540,000	(完成工事未収入金)	540,000
23日	(当座預金)	285,000	(未成工事受入金)	285,000
24日	(現金)	150,000	(当座預金)	150,000
25日	(労務費)	648,000	(現金)	1,095,000
	(給料)	447,000		
26日	(材料費)	184,500	(材料)	184,500

材料を消費したときには未成工事支出金へ振り替える処理もありますが、本問では問題文の指示により、材料費勘定に振り替えます。

27日	(当座預金)	360,000	(受取手形)	360,000
28日	(支払家賃)	127,500	(当座預金)	127,500
29日	(工事未払金)	558,000	(支払手形)	558,000
30日	(支払手形)	255,000	(当座預金)	255,000
	(経費)	63,000	(現金)	63,000

工事原価となる費用のうち、材料費、労務費、外注費以外のものは経費です。具体的な勘定科目名は、解答用紙から判断します。

31日	(借入金)	525,000	(当座預金)	534,000
	(支払利息)	9,000		
	(未成工事受入金)	300,000	(完成工事高)	1,200,000
	(完成工事未収入金)	900,000		

第4問 10点

●数字…予想配点

記号（ア～シ）

a	b	c	d	e
ウ	カ	シ	ア	イ

各❷

※「a」と「b」は順不同

第5問　28点

●数字…予想配点

精　算　表

（単位：円）

勘定科目	残高試算表		整理記入		損益計算書		貸借対照表	
	借方	貸方	借方	貸方	借方	貸方	借方	貸方
現金	313500						313500	
当座預金	523500						523500	
受取手形	844500						844500	
完成工事未収入金	625500						625500	
貸倒引当金		16800		12600				❷29400
有価証券	414000			18000			❷396000	
未成工事支出金	654000		2287500	2658000			❷283500	
材料	436500						436500	
貸付金	270000						270000	
機械装置	810000						810000	
機械装置減価償却累計額		372000		52500				❷424500
備品	690000						690000	
備品減価償却累計額		252000		43500				❷295500
支払手形		1018500						1018500
工事未払金		745500						745500
借入金		549000						549000
未成工事受入金		378000						378000
資本金		1500000						1500000
完成工事高		3250500				❷3250500		
受取利息		24000		1950		❷25950		
材料費	786000			786000				
労務費	703500			703500				
外注費	502500			502500				
経費	243000		52500	295500				
保険料	61800			3750	❷58050			
支払利息	36000				36000			
その他の費用	192000				❷192000			
	8106300	8106300						
完成工事原価			2658000		❷2658000			
貸倒引当金繰入額			12600		❷12600			
有価証券評価損			18000		❷18000			
減価償却費			43500		43500			
前払保険料			3750				❷3750	
未収利息			1950				1950	
			5077800	5077800	3018150	3276450	5198700	4940400
当期（純利益）					❷258300			258300
					3276450	3276450	5198700	5198700

解説

決算整理仕訳（精算表の整理記入欄）

(1) 減価償却費の計上

(経　　　　費)	52,500	(機械装置減価償却累計額)	52,500
(減　価　償　却　費)	43,500	(備品減価償却累計額)	43,500

工事現場用の機械装置にかかる減価償却費については、問題文の指示により未成工事支出金経由で計上しますが、解答用紙に経費勘定があるため、まず経費勘定へ計上します。また、一般管理部門用の固定資産にかかる減価償却費は、減価償却費（販売費および一般管理費）勘定で計上します。

(2) 有価証券の期末評価

(有価証券評価損)	18,000	(有　価　証　券)	18,000*

＊ 396,000円－414,000円＝△18,000円

(3) 貸倒引当金の計上

(貸倒引当金繰入額)	12,600	(貸　倒　引　当　金)	12,600*

＊ (844,500円（受取手形）＋625,500円（完成工事未収入金）)×２％＝29,400円(貸倒見積額)

29,400円－16,800円（貸倒引当金残高）＝12,600円

(4) 費用の繰延べ

(前　払　保　険　料)	3,750	(保　険　料)	3,750

(5) 収益の見越し

(未　収　利　息)	1,950	(受　取　利　息)	1,950

(6) 完成工事原価の計上

① 各工事費用を未成工事支出金へ振り替える処理

(未成工事支出金)	2,287,500	(材　料　費)	786,000
		(労　務　費)	703,500
		(外　注　費)	502,500
		(経　　　費)	295,500

② 未成工事支出金のうち、完成工事分を完成工事原価へ振り替える処理

(完成工事原価)	2,658,000	(未成工事支出金)	2,658,000*

＊ 654,000円＋2,287,500円－283,500円＝2,658,000円

さくいん 

あ

か

さ

や

ら

わ

スッキリわかるシリーズ

スッキリわかる　建設業経理事務士3級　第2版

2015年7月27日　初　版　第1刷発行
2020年6月27日　第2版　第1刷発行
2024年6月5日　　　　　第6刷発行

編著者　滝澤ななみ
　　　　TAC出版開発グループ
発行者　多田敏男
発行所　TAC株式会社　出版事業部
　　　　(TAC出版)
〒101-8383
東京都千代田区神田三崎町3-2-18
電話 03 (5276) 9492 (営業)
FAX 03 (5276) 9674
https://shuppan.tac-school.co.jp
印　刷　株式会社 ワコー
製　本　東京美術紙工協業組合

ISBN 978-4-8132-8825-1
N.D.C. 336

通学 ビデオブース講座　**通信** Web通信講座　DVD通信講座　資料通信講座（1級総合本科生のみ）

合格カリキュラム　ご自身のレベルに合わせて無理なく学習！

■ 1級受験対策コース ▶ 財務諸表　財務分析　原価計算

対象 日商簿記2級・建設業2級修了者、日商簿記1級修了者

1級総合本科生					
財務諸表		財務分析		原価計算	
財務諸表本科生		財務分析本科生		原価計算本科生	
財務諸表講義	財務諸表的中答練	財務分析講義	財務分析的中答練	原価計算講義	原価計算的中答練

※上記の他、1級的中答練セットもございます。

■ 2級受験対策コース

対象 初学者（簿記知識がゼロの方）

2級本科生（日商3級講義付）		
日商簿記3級講義	2級講義	2級的中答練

対象 日商簿記3級・建設業3級修了者

2級本科生	
2級講義	2級的中答練

対象 日商簿記2級修了者

日商2級修了者用2級セット	
日商2級修了者用2級講義	2級的中答練

※上記の他、単科申込みのコースもございます。 ※上記コース内容は予告なく変更される場合がございます。あらかじめご了承ください。

合格カリキュラムの詳細は、TACホームページをご覧になるか、パンフレットにてご確認ください。

安心のフォロー制度　充実のバックアップ体制で、学習を強力サポート！

=ビデオブース講座でのフォロー制度です。

=Web・DVD・資料通信講座でのフォロー制度です。

1. 受講のしやすさを考えた制度

随時入学

ビデオブース講座および通信では"始めたい時が開講日"。視聴開始日・送付開始日以降ならいつでも受講を開始できます。

校舎間自由視聴制度

校舎間で自由に振り替えて受講ができます。
平日は学校・会社の近くで、週末は自宅近くの校舎で受講するなど、時間を有効に活用できます。

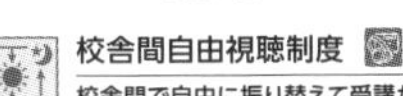

※振替用のブース数は各校で制限がありますので予めご了承ください。
※予約方法については各校で異なります。詳細は振替希望校舎にお問い合わせください。

2. 困った時、わからない時のフォロー

質問電話

講師とのコミュニケーションツール。疑問点・不明点は、質問電話ですぐに解決しましょう。

質問カード

講師と接する機会の少ないビデオブース受講生や通信受講生も、質問カードを利用すればいつでも疑問点・不明点を講師に質問し、解決できます。また、実際に質問事項を書くことによって、理解も深まります（利用回数:10回）。

質問メール

受講生専用のWebサイト「マイページ」より質問メール機能がご利用いただけます（利用回数:10回）。

※質問カード、メールの使用回数の上限は合算で10回までとなります。

3. その他の特典

再受講割引制度

過去に、本科生（1級各科目本科生含む）を受講されたことのある方が、同一コースをもう一度受講される場合には再受講割引受講料でお申込みいただけます。

※以前受講されていた時の会員証をご提示いただき、お手続きをしてください。
※テキスト・問題集はお渡ししておりませんのでお手持ちのテキスト等をご使用ください。テキスト等のver.変更があった場合は、別途お買い求めください。

(2024年2月現在)

書籍のご購入は

1 全国の書店、大学生協、ネット書店で

2 TAC各校の書籍コーナーで

資格の学校TACの校舎は全国に展開!
校舎のご確認はホームページにて

資格の学校TAC ホームページ
https://www.tac-school.co.jp

3 TAC出版書籍販売サイトで

24時間
ご注文
受付中

TAC 出版 で 検索

https://bookstore.tac-school.co.jp/

新刊情報を
いち早くチェック!

たっぷり読める
立ち読み機能

学習お役立ちの
特設ページも充実!

TAC出版書籍販売サイト「サイバーブックストア」では、TAC出版および早稲田経営出版から刊行されている、すべての最新書籍をお取り扱いしています。
また、会員登録(無料)をしていただくことで、会員様限定キャンペーンのほか、送料無料サービス、メールマガジン配信サービス、マイページのご利用など、うれしい特典がたくさん受けられます。

サイバーブックストア会員は、特典がいっぱい!(一部抜粋)

通常、1万円(税込)未満のご注文につきましては、送料・手数料として500円(全国一律・税込)頂戴しておりますが、1冊から無料となります。

専用の「マイページ」は、「購入履歴・配送状況の確認」のほか、「ほしいものリスト」や「マイフォルダ」など、便利な機能が満載です。

メールマガジンでは、キャンペーンやおすすめ書籍、新刊情報のほか、「電子ブック版TACNEWS(ダイジェスト版)」をお届けします。

書籍の発売を、販売開始当日にメールにてお知らせします。これなら買い忘れの心配もありません。

書籍の正誤に関するご確認とお問合せについて

書籍の記載内容に誤りではないかと思われる箇所がございましたら、以下の手順にてご確認とお問合せをしてくださいますよう、お願い申し上げます。
なお、正誤のお問合せ以外の**書籍内容に関する解説および受験指導などは、一切行っておりません。**
そのようなお問合せにつきましては、お答えいたしかねますので、あらかじめご了承ください。

1 「Cyber Book Store」にて正誤表を確認する

TAC出版書籍販売サイト「Cyber Book Store」の
トップページ内「正誤表」コーナーにて、正誤表をご確認ください。

CYBER BOOK STORE TAC出版書籍販売サイト

URL:https://bookstore.tac-school.co.jp/

2 1の正誤表がない、あるいは正誤表に該当箇所の記載がない ⇒ 下記①、②のどちらかの方法で文書にて問合せをする

★ご注意ください★

お電話でのお問合せは、お受けいたしません。
①、②のどちらの方法でも、お問合せの際には、「お名前」とともに、
「対象の書籍名(○級・第○回対策も含む)およびその版数(第○版・○○年度版など)」
「お問合せ該当箇所の頁数と行数」
「誤りと思われる記載」
「正しいとお考えになる記載とその根拠」
を明記してください。
なお、回答までに1週間前後を要する場合もございます。あらかじめご了承ください。

① ウェブページ「Cyber Book Store」内の「お問合せフォーム」より問合せをする

【お問合せフォームアドレス】

https://bookstore.tac-school.co.jp/inquiry/

② メールにより問合せをする

【メール宛先 TAC出版】

syuppan-h@tac-school.co.jp

※土日祝日はお問合せ対応をおこなっておりません。
※正誤のお問合せ対応は、該当書籍の改訂版刊行月末日までといたします。

乱丁・落丁による交換は、該当書籍の改訂版刊行月末日までといたします。なお、書籍の在庫状況等により、お受けできない場合もございます。
また、各種本試験の実施の延期、中止を理由とした本書の返品はお受けいたしません。返金もいたしかねますので、あらかじめご了承くださいますようお願い申し上げます。

TACにおける個人情報の取り扱いについて
■お預かりした個人情報は、TAC(株)で管理させていただき、お問合せへの対応、当社の記録保管にのみ利用いたします。お客様の同意なしに業務委託先以外の第三者に開示、提供することはございません(法令等により開示を求められた場合を除く)。その他、個人情報保護管理者、お預かりした個人情報の開示等及びTAC(株)への個人情報の提供の任意性については、当社ホームページ(https://www.tac-school.co.jp)をご覧いただくか、個人情報に関するお問い合わせ窓口(E-mail:privacy@tac-school.co.jp)までお問合せください。

(2022年7月現在)

別　冊

○論点別問題編　解答用紙
○模擬問題編　　問題・解答用紙

〈ご利用時の注意〉

本冊子には**論点別問題編　解答用紙**と**模擬問題編　問題・解答用紙**が収録されています。

この色紙を残したままていねいに抜き取り、ご利用ください。

本冊子は以下のような構造になっております。

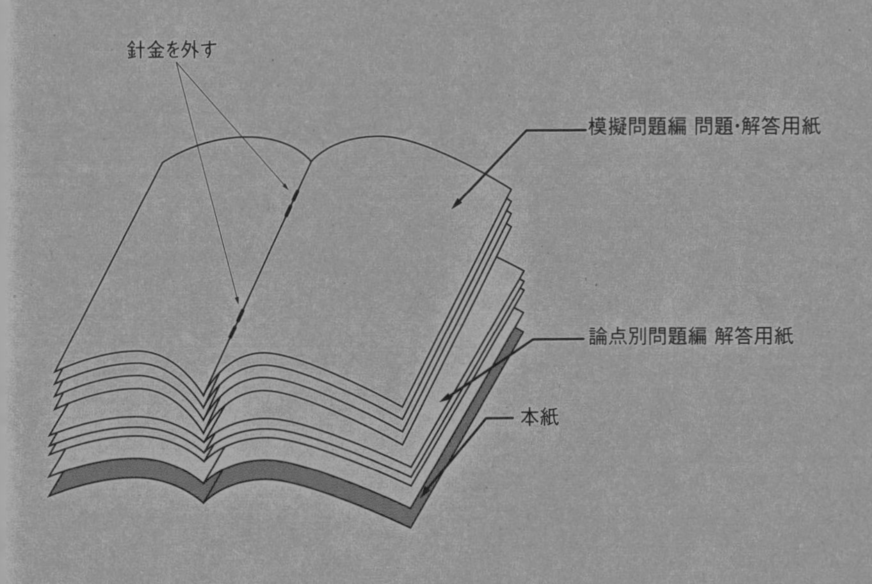

上下2カ所の針金を外してご使用ください。

針金を外す際には、ペンチ、軍手などを使用し、怪我などには十分ご注意ください。また、抜き取りの際の損傷についてのお取替えはご遠慮願います。

解答用紙

解答用紙あり の問題の解答用紙です。

なお、仕訳の解答用紙が必要な方は
最終ページの仕訳シートをコピーしてご利用ください。

解答用紙はダウンロードもご利用いただけます。
TAC出版書籍販売サイト・サイバーブックストアにアクセスしてください。
https://bookstore.tac-school.co.jp/

問題 1

(1)	資産の増加	借方（左側）・貸方（右側）
(2)	資産の減少	借方（左側）・貸方（右側）
(3)	負債の増加	借方（左側）・貸方（右側）
(4)	負債の減少	借方（左側）・貸方（右側）
(5)	資本（純資産）の増加	借方（左側）・貸方（右側）
(6)	資本（純資産）の減少	借方（左側）・貸方（右側）
(7)	収益の増加（発生）	借方（左側）・貸方（右側）
(8)	収益の減少（消滅）	借方（左側）・貸方（右側）
(9)	費用の増加（発生）	借方（左側）・貸方（右側）
(10)	費用の減少（消滅）	借方（左側）・貸方（右側）

問題 2

現　　　　金

完成工事未収入金

工　事　未　払　金

完　成　工　事　高

材　　　　料

問題 12

小口現金出納帳

受　入	×年		摘　要	支　払	内　訳			
					旅費交通費	事務用消耗品費	通 信 費	雑　　費
2,000	5	7	小口現金受け入れ					
			合　　計					
	5	14	前週繰越					

問題 13

小口現金出納帳

受　入	×年		摘　要	支　払	内　訳			
					旅費交通費	事務用消耗品費	通 信 費	雑　　費
4,000	6	4	前週繰越					
			合　　計					
	6	11	前週繰越					

問題 18

工事未払金台帳

大阪資材

×年		摘要	借方	貸方	借/貸	残高
8	1	前月繰越			貸	
	3	掛け仕入れ			〃	
	10	掛け仕入れ			〃	
	12	返品			〃	
	25	工事未払金の支払い			〃	
	31	次月繰越				
9	1	前月繰越			貸	

問題 19

得意先元帳

埼玉商店

×年		摘要	借方	貸方	借/貸	残高
8	1	前月繰越			借	
	14	掛け売上げ			〃	
	16	値引き			〃	
	31	完成工事未収入金の回収			〃	
	〃	次月繰越				
9	1	前月繰越			借	

問題 55

先入先出法 ＿＿＿＿＿＿＿＿円

問題 56

当月の賃金消費額 ＿＿＿＿＿＿＿＿円

問題 59

	借方科目	金額	貸方科目	金額
(1)				
(2)				
(3)				
(4)				
(5)				

外注費

問題 61

当月の経費消費額 ＿＿＿＿＿＿円

問題 62

完成工事原価報告書

(単位：円)

Ⅰ. 材　料　費	(　　　)
Ⅱ. 労　務　費	(　　　)
Ⅲ. 外　注　費	(　　　)
Ⅳ. 経　　　費	(　　　)
完成工事原価	(　　　)

問題 64

(1)　合計試算表

合　計　試　算　表

借方合計	勘　定　科　目	貸方合計
	現　　　金	
	当　座　預　金	
	完成工事未収入金	
	備　　　品	
	工　事　未　払　金	
	資　　本　　金	
	完　成　工　事　高	
	材　　料　　費	

(2)　残高試算表

残　高　試　算　表

借方残高	勘　定　科　目	貸方残高
	現　　　金	
	当　座　預　金	
	完成工事未収入金	
	備　　　品	
	工　事　未　払　金	
	資　　本　　金	
	完　成　工　事　高	
	材　　料　　費	

模擬問題編

問題・解答用紙

1回分収載

解答用紙はダウンロードもご利用いただけます。
TAC出版書籍販売サイト・サイバーブックストアにアクセスしてください。
https://bookstore.tac-school.co.jp/

T　残高　　　　U　手形売却損

XXX　　XXX

2

942,000	外注費	
529,500	経費	
331,500	給料	
49,500	支払家賃	
	雑収入	13,500
27,000	支払利息	
21,397,500		21,397,500

〈資料２〉×年５月21日から５月31日までの取引

21日　材料￥321,000を掛けで購入し、本社倉庫に搬入した。

22日　工事の未収代金￥540,000を小切手で受け取った。

23日　工事契約が成立し、前受金として￥285,000が当座預金に振り込まれた。

24日　現金￥150,000を当座預金から引き出した。

25日　現場作業員の賃金￥648,000を現金で支払った。

〃　本社事務員の給料￥447,000を現金で支払った。

26日　材料￥184,500を本社倉庫より現場に送った。

27日　取立依頼中の約束手形￥360,000が支払期日につき、当座預金に入金された旨の通知を受けた。

第5問 28点

次の〈決算整理事項等〉により、解答用紙に示されている熊本工務店の当会計年度（×年1月1日～×年12月31日）に係る精算表を完成しなさい。なお、工事原価は未成工事支出金勘定を経由して処理する方法によっている。

〈決算整理事項等〉

(1) 機械装置（工事現場用）について¥52,500、備品（一般管理部門用）について¥43,500の減価償却費を計上する。
(2) 有価証券の時価は¥396,000である。評価損を計上する。
(3) 受取手形と完成工事未収入金の合計額に対して２％の貸倒引当金を設定する。（差額補充法）
(4) 保険料には、前払分¥3,750が含まれている。
(5) 貸付金利息の未収分¥1,950がある。
(6) 未成工事支出金の次期繰越額は¥283,500である。

(4)		
(5)		

		受取手形		
		完成工事未収入金		
		材料		
		機械装置		
		備品		
		支払手形		
		工事未払金		
		借入金		
		未成工事受入金		
		資本金		
		完成工事高		
		材料費		
		労務費		
		外注費		
		経費		
		給料		
		支払家賃		
		雑収入		
		支払利息		

支払手形		1018500						
工事未払金		745500						
借入金		549000						
未成工事受入金		378000						
資本金		1500000						
完成工事高		3250500						
受取利息		24000						
材料費	786000							
労務費	703500							
外注費	502500							
経費	243000							
保険料	61800							
支払利息	36000							
その他の費用	192000							
	8106300	8106300						
完成工事原価								
貸倒引当金繰入額								
有価証券評価損								
減価償却費								
前払保険料								
未収利息								
当期(　　　)								

第4問 10点

記号（ア～シ）

a	b	c	d	e

第5問 28点

精　算　表

（単位：円）

勘定科目	残高試算表		整理記入		損益計算書		貸借対照表	
	借方	貸方	借方	貸方	借方	貸方	借方	貸方
現金	313500							
当座預金	523500							
受取手形	844500							
完成工事未収入金	625500							
貸倒引当金		16800						
有価証券	414000							
未成工事支出金	654000							
材料	436500							
貸付金	270000							
機械装置	8100000							

第2問　12点

完成工事原価報告書

（単位：円）

Ⅰ．材　料　費	
Ⅱ．労　務　費	
Ⅲ．外　注　費	
Ⅳ．経　　　費	
完成工事原価	

第3問　30点

合 計 残 高 試 算 表

×年5月31日現在

（単位：円）

解答用紙

第1問　20点

仕訳　記号（A～U）も必ず記入のこと

No.	借方			貸方		
	記号	勘定科目	金額	記号	勘定科目	金額
(例)	B	当座預金	100000	A	現金	100000
(1)						
(2)						
(3)						

28日　本社事務所の家賃¥127,500を支払うため、小切手を振り出した。

29日　外注工事の未払代金の支払いのため、約束手形¥558,000を振り出した。

30日　当社振り出しの約束手形¥255,000が支払期日につき、当座預金から引き落とされた。

〃　現場の動力費¥63,000を現金で支払った。

31日　借入金¥525,000とその利息¥9,000を支払うため、小切手を振り出した。

〃　工事が完成し、引き渡した。工事代金¥1,200,000のうち、前受金¥300,000を差し引いた残金を請求した。

第4問 10点

次の文の［　　］の中に入る適当な用語を下記の〈用語群〉の中から選び、その記号（ア～シ）を記入しなさい。

(1)　減価償却費の記帳方法には、［ a ］と［ b ］の２つがある。

(2)　企業の主たる営業活動に対して、付随的な活動から生ずる費用を［ c ］といい、これには［ d ］などが含まれる。

(3)　完成工事未収入金の回収可能見積額は、その期末残高から［ e ］を差し引いた額である。

〈用語群〉

第3問 30点

次の〈資料1〉及び〈資料2〉に基づき、解答用紙の合計残高試算表（×年5月31日現在）を完成しなさい。なお、材料は購入のつど材料勘定に記入し、現場搬入の際に材料費勘定に振り替えている。

〈資料1〉

合 計 試 算 表

×年5月20日現在　（単位：円）

借方	勘定科目	貸方
2,343,000	現金	609,000
3,658,500	当座預金	1,863,000
2,377,500	受取手形	1,555,500
1,524,000	完成工事未収入金	879,000
784,500	材料	417,000
727,500	機械装置	
478,500	備品	
1,377,000	支払手形	2,931,000
430,500	工事未払金	1,252,500
1,146,000	借入金	3,370,500
1,038,000	未成工事受入金	1,714,500
	資本金	3,000,000

第2問 12点 下記の工事原価計算表と未成工事支出金勘定に基づき、解答用紙の完成工事原価報告書を作成しなさい。

工事原価計算表

(単位：円)

摘要	101号工事		102号工事		103号工事	104号工事	合計
	前期繰越	当期発生	前期繰越	当期発生	当期発生	当期発生	
材料費	294,000	×××	87,000	129,000	169,500	124,500	951,000
労務費	×××	127,500	73,500	×××	133,500	×××	×××
外注費	145,500	×××	93,000	67,500	×××	54,000	549,000
経費	108,000	84,000	×××	48,000	39,000	×××	364,500
合計	765,000	462,000	×××	×××	×××	303,000	×××
期末の状況	完成		未完成		完成	未完成	

未成工事支出金

(単位：円)

借方		貸方	
前期繰越	1,075,500	完成工事原価	×××
材料費	×××	次期繰越	×××

問題

第1問 20点

茨城工務店の次の各取引について仕訳を示しなさい。使用する勘定科目は下記の〈勘定科目群〉から選び、その記号（A～U）と勘定科目を書くこと。なお、解答は次に掲げた（例）に対する解答例にならって記入しなさい。

（例）現金￥100,000を当座預金に預け入れた。

(1) 額面￥600,000の甲社の社債を額面￥100につき￥98で買い入れ、代金は小切手を振り出して支払った。

(2) 仮受金として処理していた￥690,000は、工事の受注に伴う前受金であることが判明した。

(3) 東北銀行において約束手形￥250,000を割り引き、￥5,000を差し引かれた手取額を当座預金に預け入れた。

(4) 下請業者である宮崎工務店から、金額￥1,300,000の第1回出来高報告書を受け取った。

(5) 決算に際して、当期純利益￥870,000を資本金勘定に振り替えた。

〈勘定科目群〉

A　現金　　B　当座預金　　C　仮払金　　D　仮受金

問題 65

合計残高試算表

借方残高	借方合計		勘定科目	貸方合計		貸方残高
9月30日現在	9月30日現在	9月28日現在		9月28日現在	9月30日現在	9月30日現在
		3,800	当座預金	2,000		
		2,000	受取手形	1,000		
		3,200	完成工事未収入金	1,900		
		1,800	支払手形	2,200		
		1,500	工事未払金	2,100		
			資本金	1,900		
		300	完成工事高	4,800		
		3,400	材料費	100		
		16,000		16,000		

得意先元帳

	9月28日	9月30日
沖縄商会	700	
熊本商会	600	
	1,300	

問題 66

精　算　表

勘定科目	試算表		整理記入		損益計算書		貸借対照表	
	借方	貸方	借方	貸方	借方	貸方	借方	貸方
現金	51,300							
当座預金	67,200							
受取手形	79,650							
完成工事未収入金	108,450							
貸倒引当金		1,860						
有価証券	44,100							
未成工事支出金	68,400							
材料	57,450							
貸付金	61,500							
機械装置	99,300							
機械装置減価償却累計額		36,900						
備品	55,200							
備品減価償却累計額		12,600						
支払手形		104,100						
工事未払金		63,450						
借入金		44,700						
未成工事受入金		28,350						
資本金		300,000						
完成工事高		548,100						
受取利息		870						
材料費	134,100							
労務費	92,850							
外注費	80,400							
経費	59,550							
支払家賃	22,350							
支払利息	1,080							
その他の費用	58,050							
	1,140,930	1,140,930						
完成工事原価								
貸倒引当金繰入額								
減価償却費								
有価証券評価損								
前払家賃								
当期純利益								

問題 67

損益計算書

北海道工務店　　×3年1月1日～×3年12月31日　　(単位：円)

費用	金額	収益	金額
(　　)	(　　)	(　　)	(　　)
貸倒引当金(　　)	(　　)	有価証券売却益	(　　)
減価償却費	(　　)		
当期純利益	(　　)		
	(　　)		(　　)

貸借対照表

北海道工務店　　×3年12月31日　　(単位：円)

資産	金額		負債・純資産	金額
現金		(　　)	工事未払金	(　　)
完成工事未収入金	(　　)		資本金	(　　)
(　　)	(　　)	(　　)	(　　)	(　　)
有価証券		(　　)		
材料		(　　)		
備品	(　　)			
(　　)	(　　)	(　　)		
		(　　)		(　　)

問題 68

(1)各勘定から損益勘定に振り替える仕訳

借方科目	金額	貸方科目	金額

(2)損益勘定から資本金勘定に振り替える仕訳

借方科目	金額	貸方科目	金額

(3)損益勘定への記入

損　益

〔　〕	(　)	〔　〕	(　)
〔　〕	(　)	〔　〕	(　)
〔　〕	(　)	〔　〕	(　)

≪仕訳シート≫　必要に応じてコピーしてご利用ください。

問題番号	借方科目	金額	貸方科目	金額

≪仕訳シート≫　必要に応じてコピーしてご利用ください。

問題番号	借方科目	金　　　額	貸方科目	金　　　額